10년 뒤, 어떤 일이 생길까?

삶을 바꾸는 첨단 과학기술

일러두기

1. 책과 신문, 잡지는 《 》로, 논문과 보고서, 기사 제목, 법령 등은 〈 〉로 구분했다.
2. 외래어는 주로 국립국어원의 외래어 표기에 따라 표기했다.
3. 학명은 이탤릭체로 표기했다.
4. 본문에서 참고한 자료는 책 말미에 각 장별로 정리했다.
5. 이어서 본문에서 인용한 그림(사진) 출처를 정리하여 실었다.
   자유 이용 저작물은 따로 표기하지 않았다.

10년 뒤, 어떤 일이 생길까?

삶을 바꾸는 첨단 과학기술

초판 1쇄 발행일 2024년 01월 19일

지은이 김영호
펴낸이 이원중

펴낸곳 지성사 출판등록일 1993년 12월 9일 등록번호 제10-916호
주소 (03458) 서울시 은평구 진흥로 68, 2층
전화 (02) 335-5494 팩스 (02) 335-5496
홈페이지 www.jisungsa.co.kr 이메일 jisungsa@hanmail.net

© 김영호, 2024

ISBN 978-89-7889-545-3 (43500)

10년 뒤, 어떤 일이 생길까?

삶을 바꾸는 첨단 과학기술

김영호 지음

지성사

누가 좀 미리 얘기해 줄 수는 없을까? 10년 후의 세상이 어떤 모습일지, 미래를 위해 무엇을 준비하고 어떤 직업을 가져야 할지를 말이다. 자신이 살아갈 미래 사회에 대해 궁금증과 불안함을 품고 있는 청소년이 많다.

내가 연구하러 미국에 갔을 때다. 동네 햄버거 가게에서 메뉴를 주문하고 돈을 내고 돌아서려는데 점원이 무언가 물었다. 그래서 나는 해맑게 웃으며 "Yes!"라고 말했다. 그런데 점원은 황당하다는 표정을 지으며 다시 물었다. 나는 뭔가 잘못 대답했다는 생각이 들어 이번에는 "No!"라고 분명히 답했다. 그런데 그 점원은 더욱 당황해하며 포기했다는 듯 고개를 돌렸다. 나는 몇 달이 지나고서야 알았다. 그가 물었던 것이 무엇인지를. 그가 '여기서 먹고 갈 건지, 아니면 포장해 갈 건지(For here or to go?)'를 물었는데, "Yes!"라고 했다가 또 "No!"라고 대답했으니 얼마나 황당했을까. 그 점원이 웅얼거리며 내뱉는 말을 도무지 알아듣지 못한 것이었다.

이것이 현실이다. 그때 이런 생각이 들었다. '누가 내게 나중에 미국에서 연구하게 될 테니 미리 영어 공부 좀 해두라고 귀띔해 줬으면 좋았을 텐데.'

우리는 미래를 알 수 없다. 그러나 예측할 수는 있다. 다행히 과학기술 분야는 갑자기 하늘에서 무언가 뚝 떨어지는 것처럼 하루아침에 되는 것이 없다. 일반인이나 비전문가가 보기에는 갑자기 어떤 기술이 새로 생겨난 것처럼 보일 수 있다. 그러나 실제로는 그 분야 전문가들이 오랫동안 연구해서 만든 결과물이다. 보통 10년에서 20년 정도 연구·개발한 기술을 이용하여 일반인이 사용하는 신제품을 만들어 내놓는다. 그래서 과학기술 분야의 미래는 어느 정도 예측할 수 있다. 오늘 저녁에 무엇을 먹을지 궁금하면 주방으로 가서 무슨 요리를 하고 있는지 엿보거나 직접 물어보면 된다. 마찬가지로 미래 과학기술이 어떤 것인지 궁금하면 연구에 몰두하고 있는 과학자들의 실험실을 엿보거나 직접 물어보면 된다.

나는 과학 연구자로서 20년 이상 연구한 경력이 있고 논문과 특허 및 학술대회 발표 실적도 많다. 이를 통해 알게 된 첨단 과학의 발전과 첨단 과학이 만들어 가는 미래의 모습을 이 책에서 소개하고자 한다.

지금은 과학의 시대다. 인공지능, 가상현실, 메타버스, 드론, 로봇, 3D 프린팅, 빅데이터 등 예전에 없던 신기술이 등장하여 빠른 속도로 발전하며 세상을 바꿔 놓고 있다. 미래는 이러한 신기술이 지배하는 시대가 될 것이다. 우리가 살아가게 될 미래는 단순히 신기술이 발달하여 생활이 편리해지는 정도를 넘어서 일상생활 자체가 많이 바뀔 것이다. 먹는 음식, 생활하는 환경, 건강과 질병, 직업 등등.

미래 신기술을 말할 때 빠뜨리면 안 되는 중요한 특징이 하나 있다. 지금까지 우리가 살아온 시대는 각각 개별적인 전문 기술을 깊이 있게 발전시켜 왔다. 쉽게 말하면 한 우물만 열심히 파서 전문가가 되어 성공한 삶을 살았다. 그러나 다가올 미래는 초연결 시대이고 융합 시대. 따라서 서로 다른 분야들을 연결하여 어떤 일을 기획하고 결과를 만들어 가는 인재가 되어야 한다.

이 책에서는 미래 사회를 만들어 가는 첨단 과학을 소개한다. 또 구체적인 사례를 통해 우리의 일상생활이 어떻게 변해 갈지를 보여 준다. 1부에서는 건강과 질병을 주제로 디지털 기술이 접목된 첨단 의료기술에 대해 살펴보고, 2부에서는 환경 위기를 주제로 지구 환경의 파괴로 인한 기후 위기에 관한 내용을 살펴본다. 그리고 3부에서는 새로운 먹거리를 주제로 미래 음식과 맛의 과학에 대해 살펴본다. 마지막으로 4부에서는 창의성을 주제로 이와 관련된 여러 분야의 쟁점들을 살펴본다.

게임을 열심히 하면 정말 병이 나을까? 가상 세계와 현실 세계를 연결하면 무슨 일이 일어날까? 인체를 손톱만 한 칩 위에 올려놓을 수 있을까? 뇌세포가 스스로 재생하면 치매가 치료될 수 있을까? 소가 방귀를 뀌어 지구온난화가 심해졌다는데 해결 방법은 없을까? 플라스틱 쓰레기가 들어 있는 음식을 먹어도 괜찮을까? 인공지능이 만드는 스마트팜은 어떤 모습일까? 3D 프린터로 만든 음식과 실험실에서 세포를 배양해서 만든 스테이크는 언제쯤 식당에서 팔까? 식물처럼 광합성 하는 동물이 있을까? 실패를 자랑하다니, 왜 그렇게 할까?

나는 이 책을 통해 여러분과 함께 이러한 궁금증을 하나하나 함께 생각해 보고 이야기를 나누고 싶다. 이 책은 미래를 준비하는 청소년과 그들을 지도하는 학부모 및 선생님을 위한 것이다. 청소년이 자신의 미래를 설계하며 대학 전공과 직업을 선택하는 과정에서 필요한 과학기술의 발전과 변화된 미래의 모습에 대한 정보가 이 책의 곳곳에 담겨 있다. 또 미래가 궁금한 대학생이나 성인도 이 책에서 유익하고 흥미로운 정보를 많이 얻을 수 있다. 이 책은 다양한 주제를 각 장으로 나눠서 꾸몄으므로 처음부터 차례로 읽어도 되고 흥미로운 주제부터 읽어도 좋다.

미래의 어느 도시를 여행하듯 여러분은 나와 함께 가벼운 마음으로 시간 여행을 떠날 것이다. 과거와 현재 그리고 미래를 오가며 과학기술이 만들어

가고 변화시키는 사회의 모습을 엿보게 될 것이다. 이 여행에서 나는 안내자로서 여러분에게 미래 풍경의 여러 모습을 하나하나 보여 주며 재미난 이야기를 들려줄 것이다. 이제 준비가 되었으면 가슴을 활짝 열고 함께 여행을 떠나 보자.

이 책은《매일신문》의〈김영호의 새콤달콤 과학 레시피〉등 지난 5년 동안 주기적으로 게재한 과학 칼럼에 최신 내용을 추가하여 단행본으로 출간한 것이다.

이 책이 출판되기까지 많은 분이 아낌없이 도와주셨다. 먼저 출판을 허락해 주신 지성사 이원중 대표님께 감사드린다. 내가 과학 칼럼을 꾸준히 쓸 수 있도록 이끌어 주신 매일신문사 배성훈 국장님과 이채근 부장님 및 송인 선임님께 감사드린다. 또한 양가 부모님과 아내, 예쁜 딸에게도 감사와 사랑을 전한다.

하늘 정원에서
김 영 호

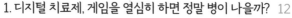

4부_
창의성

초연결 시대의
별난 생각과
도전

디지털 기술의 날개를 단

1부

건강과 질병

디지털 기술의 날개를 단
첨단의료

디지털 치료제,
게임을 열심히 하면 정말 병이 나을까?

"무슨 게임 하고 있어?"

게임에서 여행을 시작하자. 누구나 좋아하는 게임! 왜 재미있는지 물어볼 필요가 없을 정도로 그냥 재밌다. 언제 어디서나 즐기는 휴대폰 게임뿐만 아니라 손가락 하나 까딱하지 않고 머릿속으로 생각만 하면 진행되는 뇌파 게임도 있다. 최근에는 영화에서나 볼 수 있었던 가상현실(VR)이나 증강현실(AR) 게임도 나와 있다.

그런데 게임에는 긍정적인 면만 있는 것이 아니라 게임 중독이라는 어두운 면도 있어 종종 사회문제가 된다. 심지어 게임 중독을 '질병'이라고 말하는 사람도 있다. 이와 반대로 어떤 게임은 환자의 병을 고쳐 주는 '치료제'라는 주장도 제기되었다. 병도 주고 약도 주는 게임의 골치 아픈 속사정. 도대체 그 안에서 무슨 일이 벌어지고 있을까? 이제 게임의 세계로 들어가 그 현장을 둘러보자.

게임 한 판 어때?

"어떤 게임 좋아하세요?"라고 물어보면 나이에 따라서 제각기 다른 대답이 돌아온다. 애니팡, 카트라이더, 갤러그, 테트리스, 스타크래프트, 리그오브레전드, 화투, 장기, 바둑 등 다양하다. 이외에도 시대에 따라 유행했던 많은 게임이 있다.

이제 'e스포츠' 시대가 되었다. 야구 경기를 관람하듯 게임을 관람하며 즐기는 것이 e스포츠다. 글로벌 시장조사업체 뉴주(Newzoo)는 글로벌 e스포츠 시청자 수가 2018년에 3억 9500만 명에서 2020년에 4억 9500만 명으로 증가했고, 2022년에 5억 3200만 명을 넘어 2025년에는 6억 4000만 명 정도가 될 것이라고 밝혔다. 2020년 코로나19 팬데믹으로 야외 스포츠 경기가 제대로 열리지 못했지만 e스포츠 대회는 정상적으로 개최되었다.

e스포츠 대회인 리그오브레전드 세계 경기대회(2016년)

2020년에 열린 '제12회 대통령배 아마추어 e스포츠 대회'에 1,396명의 아마추어 선수가 지역 본선에 참가했다. 이 대회의 정식종목은 리그오브레전드, 플레이어언노운스 배틀그라운드, 카트라이더 같은 게임이었다. 그리고 2023년 10월 인도 뉴델리에서 한국-인도 수교 50주년을 기념하여 e스포츠 대회가 열렸다. 또한 e스포츠가 2022년 중국 항저우아시안게임 정식종목으로 채택되었으며, 2024년 파리올림픽 정식종목으로 채택될 가능성도 제기되고 있다. 뉴주에 따르면, 세계 e스포츠 산업 규모는 2024년에 16억 1770만 달러(2조 1천억 원)에 이를 것으로 전망한다. 이처럼 e스포츠 게임 산업은 호황을 누리고 있다.

세계보건기구, 게임 중독=질병

게임 중독이 질병이라고? 옛날에는 아니었지만, 지금은 맞다. 왜냐하면 세계보건기구(World Health Organization, WHO)가 2022년부터 공식적으로 게임 중독을 '질병'으로 분류했기 때문이다. 게임 중독이 질병이라는 말은 오랜 시간 동안 게임을 해서 건강이 나빠져 질병이 생긴다는 의미가 아니다. 게임 중독 자체가 질병이라는 것이다.

게임을 많이 한다고 질병이라고까지 말할 필요가 있을까? 그러나 2019년 5월 세계보건기구는 게임 중독을 질병이라고 결정하면서 질병코드(6C51)까지 부여했고, 2022년부터 적용한다고 발표했다. 이렇게 게임 중독은 공식적으로 질병이 되어 버렸다. 물론 게임 자체가 아니라 게임 중독을 도박 중독 등과 같은 중독성 행위 장애로 규정한 것이다. 따라서 우리는 좋아하는 게임을 마음껏 즐겨도 된다. 다만 게임 중독에 빠지지만 않으면 된다.

세계보건기구의 결정은 뜨거운 찬반 논쟁을 불러일으켰다. 개인마다 생각이 다를 뿐만 아니라 정부 부처와 단체도 서로 엇갈리는 의견을 내놨다. 앞서 이야기한 것처럼 e스포츠가 발달하면서 최근 대통령배 e스포츠 대회가 개최되었다. 또 부산시 부산진구는 e스포츠팀을 2021년에 창단했다. 그런데 e스포츠 대회에 출전하는 실력 있는 선수라면 맨날 게임을 하는 게임 중독자가 아닐까? 그렇다면 그들을 모두 환자로 봐야 할까? 이것은 조금 생각해 볼 문제다.

우리나라의 게임 중독은 얼마나 심각할까? 전문가들은 청소년의 게임 중독이 심각한 사회문제라고 지적한다. 2022년의 게임 과몰입 조사에 따르면, 우리나라 청소년의 82.7퍼센트가 게임을 하고 있다. 이 중 67.3퍼센트는 일반 이용자군이고, 게임 과몰입 문제가 있는 문제적 이용자군이 3.5퍼센트였다.

게임 중독은 청소년뿐만 아니라 성인에게도 문제가 된다. 얼마 전 살인 사건과 같은 강력 범죄를 일으킨 범인이 게임 중독에 빠져 있었다는 뉴스가 방송되면서 게임 중독 문제가 더욱 쟁점이 되기도 했다. 이러한 게임 중독 문제를 해결할 방법과 대책 마련이 필요한 실정이다.

게임의 반격, 디지털 치료제 게임=질병 치료제

만약 병이 나서 병원에 갔는데 의사가 먹는 약 대신에 게임을 처방해 준다면 어떤 기분이 들까? 의사가 처방해 준 게임을 열심히 하면 병이 정말 나을까? 지금은 그럴지도 모른다. 왜냐하면 게임의 반격이 시작되었기 때문이다. 놀랍게도 병을 치료하는 게임이 등장했다.

보통 알약이나 주사약을 병을 치료하는 약이라고 한다. 그런데 손에 잡히지도 않고 먹을 수 없는 소프트웨어도 약이라고 하는 시대가 되었다. 약의 종류를 세대별로 살펴보면, 1세대가 합성 의약품(저분자 화합물로 만든 알약과 캡슐 등)이고 2세대가 바이오 의약품(단백질, 항체, 세포, 유전자 등)이다. 최근 3세대 의약품으로 디지털 치료제(Digital Therapeutics, DTx)가 등장했다. 현재 병원과 약국에서 환자를 치료하기 위해 사용하는 것은 합성 의약품과 바이오 의약품이다. 합성 의약품은 두통약과 같이 화학 합성법으로 만든 약이며, 바이오 의약품은 생물학적 방법을 이용하여 만든 약으로 코로나19 감염 예방을 위한 RNA 백신 등이 있다. 그런데 디지털 치료제는 환자 치료를 목적으로 만든 소프트웨어다.

디지털 치료제는 합성 의약품이나 바이오 의약품과 형태가 완전히 다르다. 그러나 디지털 치료제도 공식적으로 엄연한 치료제이기 때문에 개발 후 식품의약품안전처(식약처)나 미국식품의약국(Food and Drug Administration, FDA) 등과 같은 국가 규제기관의 허가를 받아야 제품으로 판매할 수 있다. 또 환자가 치료를 위해 디지털 치료제를 사용하려면 의사의 처방이 필요하다. 이처럼 디지털 치료제도 여느 치료제처럼 엄격한 관리 아래 환자 치료에 사용된다.

일반적으로 환자를 치료하는 의료 제품은 신약과 의료기기로 구분한다. 신약은 알약과 주사약 등이고, 의료기기는 초음파기기와 혈당측정기 등이다. 신약과 의료기기는 식약처에서 엄격하게 심사하여 제품을 허가하고 관리한다. 그런데 디지털 치료제는 약처럼 쓰이기 때문에 신약에 속할 것 같지만 의료기기에 속한다.

앞에서 '디지털 치료제는 약'이라고 했는데, 의료기기라니 무슨 뜬만지같은 말이냐라고 생각할 수 있다. 여기에는 그럴만한 이유가 있다. 식약처에서 디지털 치료제를 의료기기로 분류하는 이유는 소프트웨어이기 때문이다. 몇 년 전부터 인공지능과 소프트웨어도 공식적으로 의료기기로 인정받고 있는데, 디지털 치료제는 소프트웨어로서 의료기기에 속한다.

세계 최초의 디지털 치료제는 페어 테라퓨틱스(Pear Therapeutics)에서 만든 '리셋(reSET)'이라는 스마트폰 앱이다. 리셋은 알코올·마약 등 약물 중독과 의존성의 치료제로서 2017년 9월 미국식품의약국의 허가를 받았다. 의사의 처방을 받은 후 스마트폰으로 리셋 앱을 사용할 수 있다. 이외에도 페어 테라퓨틱스는 2018년 12월 마약성 진통제 중독을 치료하는 '리셋-O(reSET-O)'와 2020년 3월 불면증 치료를 위한 '솜리스트(SOMRYST)'를 디지털 치료제로 미국식품의약국의 승인을 받았다.

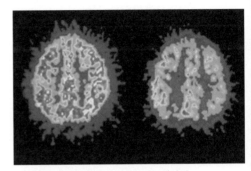

주의력결핍 과잉행동장애(ADHD) 환자의 뇌(왼쪽)와 정상인의 뇌(오른쪽)

세계 최초로 질병을 치료하는 게임도 나왔다. 미국식품의약국은 2020년 6월 아킬리 인터랙티브(Akili Interactive)가 개발한 '인데버Rx(EndeavorRx)' 게임을 디지털 치료제로 허가했다. 인데버Rx는 주의력결핍 과잉행동장애(Attention

주의력결핍 과잉행동장애를 치료하는 데 사용되는 비디오 게임(출처: EndeavorRx 초기 화면)

Deficit Hyperactivity Disorder, ADHD)를 치료하기 위해 만든 게임이다. 이에 따라 8~12세의 ADHD 환자는 의사의 처방을 받은 후 인데버Rx 게임을 열심히 하면 주의력 향상의 효과를 얻을 수 있다. 이외에도 인지결핍장애와 신경정신과 질환 등을 치료할 수 있는 디지털 치료제를 개발 중이라고 한다.

디지털 치료제는 우울증, ADHD, 뇌졸중, 치매, 파킨슨병, 불면증, 당뇨, 자폐 등 다양한 질병 치료에 이용할 수 있다. 실제로 국내외 많은 기업에서 여러 질병을 치료하기 위한 디지털 치료제를 개발하고 있다. 미국식품의약국의 허가를 받은 디지털 치료제로는 웰닥(WellDoc)에서 만든 당뇨병 자가 관리 시스템 '블루스타(BlueStar)', 볼룬티스(Voluntis)에서 만든 당뇨병 치료를 위한 '인술리아(Insulia)'와 암 환자를 위한 '올레나(Oleena)', 프로테우스 디지털 헬스(Proteus Digital Health)에서 만든 조현병 환자를 위한 어빌리파이 마이사이트(Abilify Mycite) 등이 있다.

이러한 디지털 치료제는 소프트웨어이므로 앱이나 게임처럼 인터넷에 접속하여 스마트폰에 내려받아 설치하거나 인터넷상에서 바로 사용할 수 있다. 이에 따라 시간과 장소의 제약이 없이 언제 어디서나 사용할 수 있다. 이뿐만 아니라 미래에는 메타버스 같은 가상공간에서도 환자 치료를 위한 치료제로 사용될 것으로 전문가들은 내다보고 있다.

요즘 디지털 치료제 분야는 빠른 속도로 성장하고 있다. 디지털 치료제 세계시장 규모는 2020년 35억 3729만 달러(약 4조 5000억 원)로 연평균 20.5퍼센트의 성장률을 기록했으며, 2030년에는 235억 6938만 달러(약 30조 5000억 원)에 이를 것으로 예상한다.

디지털로 더욱 건강하게!

건강은 건강할 때 지켜야 한다. 그러나 살다 보면 아플 때가 있기 마련이다. 왜 병이 생기느냐고 물어보면 전문가들은 두 가지 요인, 즉 유전적인 요인과 환경적인 요인 때문이라고 답한다.

유전적인 요인은 말 그대로 부모로부터 물려받은 유전에 의한 것으로 DNA에 존재하는 유전자에 의해 영향받는다. 환경적인 요인이란 생활환경에 의해 영향받는 것을 가리킨다. 그런데 유전적인 요인이야 타고난 유전자에 의해 정해지는 것이라 바꾸기 어렵지만, 환경적인 요인은 개인의 노력으로 얼마든지 바꿀 수 있다. 이와 같은 환경적인 요인을 바꿀 수 있도록 도와주는 첨단기술과 제품이 많이 나와 있다.

최근 '디지털 헬스케어'가 미래 의료 서비스의 큰 변화를 이끌고 있다. 디지털 헬스케어는 인공지능, 빅데이터, 사물인터넷(Internet of Things, IoT) 등의 정보통신기술(Information and Communications Technology, ICT)을 헬스케어 분야에 적용한 것으로 우리의 건강을 향상시키는 제품 개발과 서비스 제공에 활용된다. 쉽게 말해서, 디지털 헬스케어는 디지털 기술을 이용한 건강관리라고 할 수 있다.

디지털 헬스케어 기술이 등장한 지 얼마 되진 않았지만, 건강을 돌보는 다양한 전자기기와 모바일 앱 제품은 이미 많이 나와 있다. 대표적으로 일상생활에서 몸의 상태를 체크하는 기능이 있는 스마트밴드로, 삼성전자와 샤오미 등 여러 기업의 제품이 있다. 스마트밴드는 걸음 수, 심박수, 수면 상태 등을 측정해서 평상시 건강관리를 잘할 수 있도록 돕는다. 또 운동과 식단 관리 등을 도와주는 모바일 앱은 건강한 사람뿐만 아니라 당뇨병 환자 같은 만성질환자에게도 유용하다.

2020년 4월 식약처는 세계 최초로 혈압 측정 모바일 앱 의료기기를 허가했다. 바로 삼성전자에서 개발한 '혈압측정 앱'이다. 이것은 커프 (Cuff, 혈압을 잴 때 팔에 두르는 장치) 없이도 스마트 워치(모바일 플랫폼)로 간편하게 혈압을 측정하고 맥박수를 알려 주는 소프트웨어다. 이 모바일 앱도 디지털 치료제와 마찬가지로 의료기기에 속한다. 식약처에서 인공지능과 소프트웨어를 공식적으로 의료기기로 분류하고 있기 때문이다.

최근에 진행되고 있는 온라인 서비스도 눈에 띈다. 노년층이 온라인으로 맞춤형 건강관리 서비스를 받을 수 있는 'AI·IoT 기반 어르신 건

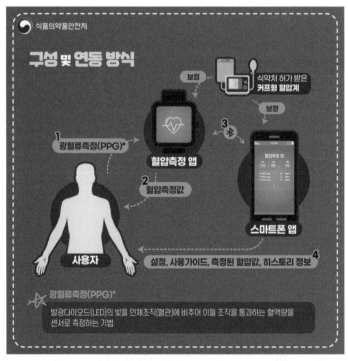

혈압 측정 앱의 원리(출처: 식품의약품안전처)

강관리 서비스 시범사업'을 보건복지부와 한국건강증진개발원이 진행하고 있다. 2020년 11월부터 이 사업으로 전국 24개 보건소에서 1만 1691명의 노년층에 건강생활 실천과 같은 서비스를 5만 건 이상 제공했다. 이를 더욱 확대하여 2021년에는 전국 80개 보건소에서 서비스를 제공하고 있다. 특히 코로나19 상황에서 직접 보건소를 방문하지 않고도 건강 측정기기와 스마트폰 앱을 이용하여 건강관리 상담을 받기도 했다. 건강 위험 요인이 있는 사람을 대상으로 한 '보건소 모바일 헬스케어' 앱도 있는데, 이것을 이용하면 언제 어디서나 보건소 전문가에게 맞춤형 건강 상담을 받을 수 있다.

초연결 시대, 융합 기술이 핵심이다!

만약에 디지털 치료제를 개발하려면 어떻게 해야 할까? 게임을 잘 만들어서 환자가 재밌어하면 될까?

디지털 치료제 개발에 대해 살펴보기 전에 세상이 변했다는 사실을 먼저 알아야 한다. 지금까지 우리는 대부분 한 우물을 열심히 파서 전문가나 경력자가 되어 좁고 깊은 그 분야의 일만 열심히 하며 살아왔다. 그러나 이제 시대가 변했다. 몇 년 전부터 들려오는 '제4차 산업혁명 시대'라는 말처럼 새로운 시대가 시작되었다.

이제 막 시대가 변했으니 이러한 변화를 알아차린 사람도 있고 아직 실감하지 못하거나 모르는 사람도 있을 것이다. 그러나 분명한 것은 머지않은 미래에 이런 변화가 우리의 일상을 지배한다는 점이다. 이러한 변화는 인공지능, 빅데이터, 로봇, 3D 프린팅 등과 같은 첨단기술이 이끌어 가고 있으며 점점 더 빠른 속도로 세상을 바꾸고 있다.

새로운 시대에는 일하는 방식도 다를 것이다. 유유상종(類類相從)이라는 말처럼 예전에는 같은 분야의 사람들이 모여서 함께 일했다. 쉽게 말하면 컴퓨터를 전공한 사람은 컴퓨터 분야의 회사에 취직해서 컴퓨터를 전공한 사람들과 함께 컴퓨터 관련 제품이나 소프트웨어를 만들었다. 그러나 다가올 미래에는 서로 다른 다양한 분야를 전공한 사람들이 함께 모여 일하면서 새로운 융합 결과물 등을 만들어 낼 것이다. 대표적인 예가 바로 디지털 치료제라 할 수 있다.

따라서 이 책을 읽고 있는 청소년이나 대학생은 자신의 전공과 다른 분야의 사람들과 함께 일하기 위해 준비해야 한다. 좀 더 쉽게 말하면 전공 분야뿐만 아니라 다른 분야에 관한 기초적인 개념을 이해할 수 있어야 하고, 열린 마음으로 새로운 것에 도전하는 자세를 갖추어야 한다. 이러한 준비가 필요한 이유는 여러 분야의 사람들과 같이 일할 때 적어도 서로 말이 통해야 하고 서로 신뢰해야 하기 때문이다.

이제 융합 연구를 통한 디지털 치료제 개발 과정을 보자. 디지털 치료제를 개발하려면 어떤 전공의 사람들이 모여야 할까? 얼핏 결과물만 보면 게임이고 소프트웨어이기 때문에 컴퓨터 프로그램을 잘 만드는 것이 중요해 보인다. 물론 그렇다.

그러나 이것은 그냥 재미 삼아 하는 일반적인 게임과는 다르다. 엄연한 질병 치료제다. 디지털 치료제를 개발하려면 소프트웨어의 언어와 알고리즘에 능숙한 컴퓨터 전공자, 그리고 치료하고자 하는 질병과 치료 과정 및 그 효과를 잘 아는 의료 전문가가 필요하다. 여기서 말하는 의료 전문가는 의사, 의학 전문가, 의사과학자, 의공학자 등이다. 따라서 디지털 치료제를 개발하는 팀을 구성하려면 컴퓨터 소프트웨어 전공자,

의사, 의공학자 등이 필요하다.

또 디지털 치료제의 식약처 허가 관련 사항도 중요하다. 일반 게임이나 소프트웨어는 회사가 개발해서 판매하면 된다. 그러나 디지털 치료제는 개발 후 반드시 식약처로부터 허가를 받아야 판매할 수 있다. 이는 다른 나라에 판매할 때도 마찬가지다. 국내에서 판매하려면 식약처의 허가를 받아야 하고, 미국에 팔려면 미국식품의약국의 허가를 받아야 하고, 유럽에 팔려면 CE(Conformite Europeen, 유럽통합 규격) 인증을 받아야 한다. 그 밖의 나라에서도 각 나라 인허가 담당 기관의 허가를 받아야만 판매할 수 있다.

디지털 치료제 개발에서 질병 치료 효과가 있는 소프트웨어의 개발뿐만 아니라 여러 인허가 기관의 허가를 받는 일이 매우 중요하다. 그러므로 나라별·지역별로 디지털 치료제 허가를 위한 사항과 절차를 파악하고 준비해야 한다.

이처럼 디지털 치료제의 개발 과정은 일반 제품을 만드는 과정보다 매우 까다롭고 어려워 보인다. 실제로도 까다롭고 어렵다. 그러나 너무 겁내거나 걱정할 필요는 없다. 혼자서 모든 것을 해낼 필요가 없기 때문이다. 세상은 넓고 분야별로 뛰어난 사람도 많다. 여러 분야의 사람들과 함께 일할 수 있는 열린 마음을 가지고 자신의 장점과 실력을 갈고닦으며 준비하면 된다.

디지털 기술이 의료 기술을 만나서 더욱 스마트하게 인간의 건강을 관리해 주는 시대가 시작되었다. 2021년 한국보건산업진흥원은 헬스케어 10대 기술로 '원격의료', '인공지능 및 로봇', '블록체인', '세포치료 및 재생의료', '유전자 편집 및 치료', '증강/가상헬스', '정밀의료', '디지털 치료제', '혁신적 백신', '연결된 인지 기기(Internet of medical things, IoMT)'를 선정했다. 여기에 디지털 치료제가 포함되어 있다.

디지털 치료제 게임은 미래에 더욱 다양한 질병을 치료하는 데 사용될 것이다. 이제 환자가 치료제 게임을 재미있게 열심히 하면 병이 치료될 것이다. 그뿐만 아니라 병을 예방해 주는 건강관리 앱도 많이 개발되어 건강한 미래 사회를 만들어 갈 것이다.

메타버스,
가상 세계를 현실 세계에 연결하면?

꿈꾸던 일이 현실이 되는 가상현실의 세계에 살면 어떨까? 우리는 또 하나의 새로운 세계인 가상 세계를 갖게 되었다. 이제 가상 세계와 현실 세계를 넘나들며 상상의 나래를 펴고 함께 여행을 떠나 보자. 손에 잡히지도 않고 진짜 있다고 말하기도 힘들지만 분명히 존재하는 세계, 바로 가상 세계다.

"제페토에 놀러 가면 어떨까?"라고 친구에게 말했더니, "제페토? 피노키오를 만든 할아버지잖아!"라는 대답이 돌아왔다. 그 순간 우리는 서로 전혀 다른 말을 주고받고 있다는 것을 알았다.

제페토, 마인크래프트, 가상현실, 증강현실, 혼합현실, 메타버스 등과 같은 생소한 말들이 일상적으로 사용되고 있다. 3차원의 가상 세계를 '메타버스'라고 하는데, 제페토와 마인크래프트 같은 것이다. 2022년 3월 네이버제트(NAVER Z)가 운영하는 메타버스 플랫폼 '제페토

메타버스 게임 마인크래프트(Minecraft)

(ZEPETO)'의 전 세계 이용자가 3억 명을 넘었다. 또 '마인크래프트(Minecraft)'는 전 세계 3억 명 이상이 즐기는 메타버스 게임이다. 이제 메타버스 속으로 들어가 가상 세계에서 벌어지는 일들이 어떻게 현실 세계에서 사람들의 건강을 관리해 주는지 살펴보자.

메타버스란?

메타버스(Metaverse)는 초월을 의미하는 '메타(Meta)'와 현실 세계를 의미하는 '유니버스(Universe)'의 합성어다. 좀 더 자세히 설명하면 가상현실(Virtual Reality, VR)과 증강현실(Augmented Reality, AR) 및 혼합현실(Mixed Reality, MR)을 아우르는 확장현실(eXtended Reality, XR)을 기반으로 만든 3차원 확장 가상 세계를 메타버스라고 한다. 쉽게 말하면 마치 현실 세계처럼 느껴지도록 3차원으로 만든 가상 세계다.

메타버스의 가상 세계는 스티븐 스필버그 감독이 만든 영화 〈레디 플레이어 원〉(2018)에 생생하게 나온다. 이 영화는 환경이 파괴된 암울한 세상인 2045년을 배경으로 한다. 현실은 비참하지만 '오아시스'라는 거대한 가상현실 세계에 접속하면 상상하는 모든 것을 할 수 있어 행복한 시간을 보낼 수 있다. 주인공 웨이드 와츠가 오아시스 개발자가 낸 수수께끼를 풀기 위해 가상 세계에서 펼치는 흥미진진한 장면들이 영화 속에 펼쳐진다. 영화에서 보여 주는 것처럼 단순히 2차원적인 배경이 아니라 3차원적 배경에서 자신의 캐릭터가 다양한 활동을 하도록 해주는 플랫폼이 메타버스다. 또 다른 예로는 영화 〈매트릭스〉(1999)가 있다. 이 영화에서 네오와 몇 명의 사람들이 인공지능의 지배에서 벗어나기 위해 가상 세계에 들어가 인공지능과 싸우는 장면을 생생하게 보여 주는데, 메타버스와 닮아 있다.

아바타를 이용한 가상
세계 체험

의료 교육에 이용되는 메타버스

메타버스에 사람들이 모여서 게임을 하고 가수의 공연도 보고 쇼핑도 즐길 수 있다. 이외에도 메타버스에서 할 수 있는 일이 무척 많은데, 건강을 돌보는 의료와 관련한 메타버스가 등장하여 관심을 끌고 있다.

특히 의료 교육 분야에서 메타버스를 가장 먼저 사용했다. 요즘 여러 사람이 동시에 접속하여 온라인 회의나 세미나를 할 수 있는 줌(ZOOM)이나 유튜브를 많이 사용한다. 그러나 이 방식은 참여하는 사람들이 한 공간에 모여서 함께 무언가를 한다는 현장감이 약하고 서로 이야기하거나 함께 어떤 행동을 하기에는 어려움이 있다. 이러한 한계를 극복한 것이 메타버스다.

메타버스를 의료 교육에 이용하면 여러 측면에서 좋다. 교육에 참여한 사람이 교육용 인체 속으로 들어가 특정 부위를 자세히 관찰할 수 있고 수술 과정을 360도 회전하면서 상세하게 볼 수 있다. 더욱이 3차

메타버스를 활용한 의료 교육

원 가상 세계에서 교육이 진행되므로 참가자들은 실제 현장에 직접 와 있는 것 같은 생생한 느낌을 받는다.

2021년 서울대학 의대는 메타버스를 이용한 '해부신 체구조의 3D 영상 소프트웨어·3D 프린팅 기술 활용 연구 및 실습'이라는 과목을 개설했다. 이 수업에 참여한 의대생들은 3차원 가상 세계에 들어가 의료 영상을 3차원으로 보며 인체 내부를 분석하는 해부학 콘텐츠 활용 실습을 체험했다. 이를 계기로 의대생들이 해부 실습용 시신(cadaver)을 이용해서 진행하던 지금까지의 실습 과목을 대체할 가능성도 있다고 한다.

메타버스를 이용한 실습 교육은 의사의 숙련도를 향상하는 데에도 활용할 수 있다. 메타버스 가상 세계에 수술실과 실습실을 실제 공간처럼 만들어 반복연습을 함으로써 숙련도를 높일 수 있다. 더욱이 가상공간에서 정교하게 진행되는 실습이라 실력을 확실하게 끌어올릴 수 있다.

간호사를 위한 메타버스 교육 프로그램도 있다. 간호대 학생들이 실습으로 사용할 수 있는 '뷰라보(Vurabo)' 프로그램이다. 환자에게 일어날 수 있는 응급상황을 실습할 수 있도록 뉴베이스(NEW BASE)에서 만든 메디컬 시뮬레이션 교육 프로그램이다. 간호대 학생들은 뷰라보를 통해 정맥주사, 채혈, 호흡기계 중환자 관리 등을 실습할 수 있다.

2022년 7월 한림대성심병원은 메타버스 플랫폼을 이용해 신규 간호사를 대상으로 교육을 진행했다. 뉴베이스와 함께 진행한 이 교육은 신규 간호사의 숙련도를 높이고 응급처치 능력을 향상하기 위해 진행되었다. 2022년 7월 뉴베이스는 의료 메타버스 교육 사업을 고도화하기 위해 의사들이 만든 헬스케어 지식 플랫폼 위뉴(weknew)와 업무협약을 체결했다. 이를 통해 뉴베이스의 메타버스 교육 플랫폼과 위뉴의 당뇨병과 소아과 등 헬스케어 콘텐츠를 결합해 메타버스 기반 의료 교육 사업을 공동으로 추진하기로 했다.

2021년 5월 29일에는 온라인 학술대회에서 아시아흉강경수술교육단(ATEP) 주관으로 확장현실(XR) 기술 플랫폼을 활용한 폐암 수술이 시연되었다. 아시아 각국의 흉부외과 의료진 200여 명이 참석해 교육을 받았고, 영국 맨체스터대학병원과 싱가포르 국립대학병원도 가상환경에 접속했다. 참석자들은 각자의 연구실에서 HMD(Head Mounted Display)를 착용하거나 노트북으로 가상의 강의실에 입장해 폐암 수술 기법과 가상 융합기술을 주제로 한 강의를 수강했으며, 가상 환경 속에서 수술 과정을 참관하며 실시간으로 토의를 이어갔다.

메타버스에 병원이 세워졌다!

이제는 메타버스 가상공간에 병원이 만들어지고 있다. 메타버스는 의사나 간호사 같은 의료인뿐만 아니라 환자를 위한 공간으로도 활용되고 있다. 2021년 차의과대학 일산차병원은 제페토 메타버스에 일산차병원을 개원했다. 7층 이벤트홀, 산과, 초음파실, 6층 분만실 등을 만들어 환자가 메타버스 공간에서 병원을 체험할 수 있도록 제공한 것이다. 이어서 일산차병원은 수술실, 로봇 수술실, 병동 등도 마련해 환자가 수

술받기 전에 미리 수술실을 확인할 수 있도록 할 예정이라고 밝혔다. 또 2022년 3월 중앙대광명병원도 메타버스에 병원을 만들었다. 그리고 경희의료원은 2022년부터 메타버스 '젭(ZEP)'을 이용해 매월 2회 건강상담을 하고 있는데 반응이 좋아 2023년에 이를 더욱 확대했다. 이처럼 메타버스를 통해 진료와 상담 등을 체험할 수 있다.

진짜 병원이 아닌 가상 세계의 병원에 무슨 의미가 있는지 반문할 수 있다. 그러나 환자는 메타버스의 병원에서 미리 시설을 둘러볼 수 있고 자신이 받을 치료 과정이나 수술 과정을 체험해 볼 수도 있다. 이를 통해 환자는 자신이 받을 치료에 대한 막연한 두려움과 오해를 떨쳐 버리고 적극적으로 치료에 임할 수 있다.

질병 예방과 치료도 메타버스로!

최근 KT는 '리얼큐브(Real Cube)'라는 메타버스 서비스를 이용해서 노년층의 치매 예방 지원에 나섰다. 리얼큐브는 장비를 착용하지 않아도 현실 공간에서 움직이는 사람의 위치와 동작을 센서가 인식해서 가상환경을 체험하게 해준다. 그러니까 어르신이 장비 착용의 불편함 없이 치매 예방에 도움되는 서비스를 받을 수 있다.

미래에는 메타버스를 이용하여 질병 치료도 가능할 것이라고 전문가들은 말한다. 외과 수술이야 실제 병원에서 해야겠지만 정신건강과 관련된 진료는 가상 세계에서도 가능하다는 뜻이다. 환자가 가상현실의 다양한 연출 장면이나 게임을 체험하면서 자신의 정신질환을 치료할 수 있을 것이다. 우울증이나 약물 중독 환자를 치료하기 위해 개발되고 있는 디지털 치료제는 메타버스 가상 세계에서 환자 치료에 활용될 가능성도 크다.

그리고 환자가 느끼는 통증을 완화해 주기 위해서 가상현실의 장면과 여러 체험도 활용할 수 있다. 이외에도 환자의 재활 과정이나 환자 개인 맞춤 질병 예방과 치료 서비스 제공에 메타버스가 활용될 것이다. 이와 같은 일들이 가능해지는 미래에는 메타버스 안에 세워진 병원이 진짜로 환자를 진료하고 치료하는 공간이 될 것이다.

최근 메타버스 기술로 만든 '메디컬 트윈(Medical Twin)'도 주목받고 있다. 현실의 공간과 똑같은 모습으로 가상 세계에 만들어 놓은 것을 '디지털 트윈(Digital Twin)'이라고 하는데, 이 개념을 의료 분야에 적용해서 만든 것이 메디컬 트윈이다. 다시 말해, 메타버스라는 가상 세계에 실제 공간과 똑같이 만든 곳에서 환자를 치료하는 과정을 검증하여 치료 효과를 예측하고 치료에 최적인 약물을 찾아 처방하는 것이 메디컬 트윈이다. 2022년 6월에 국내 기업인 코어라인소프트가 위뉴와 손잡고 메디컬 트윈 기반 헬스케어 서비스 사업의 공동 추진 작업을 시작했다. 메디

가상 세계와 현실 세계의 연결을 묘사한 그림(왼쪽)과 석유 시추시설의 디지털 트윈 이미지(오른쪽)

컬 트윈은 아직 시작 단계에 있지만 앞으로 헬스케어 분야에 큰 변화를 이끌 중요한 기술이다.

메타버스를 연구하는 의사들

최근 의사들이 메타버스에 관심을 가지기 시작했다. 2022년 1월 서울대학 의대 교수들을 주축으로 '의료메타버스 연구회'가 출범하여 메타버스를 의료에 이용하는 방안을 본격적으로 연구하기 시작했다. 이후 2022년 4월에 '2022 의료메타버스 연구회 심포지엄'이 의료메타버스 실용화 방안을 주제로 서울대학교병원 융합의학기술원 대강당에서 개최되었다.

이 연구회가 더욱 발전하여 2022년 10월 '의료메타버스 학회'가 정식으로 창립되었으며, 기념 학술대회도 열렸다. 2023년 9월에 개최된 의료메타버스 학회 추계 학술대회에서 의료의 디지털 트랜스포메이션(전환) 주제에 맞는 연구논문 발표와 토론이 진행되었다. 또한 삼성서울병원도 '메타버스 연구회(SMART)'를 2022년 8월에 꾸렸다.

이처럼 의사들이 주도하여 연구회와 학회를 만들고 정기적으로 학술대회를 개최하여 최신 연구 결과 논문 발표와 토론을 본격적으로 진행하고 있다.

메타버스는 온라인으로 가상 세계에 접속하여 환자의 진료와 치료가 이루어지는 플랫폼이라 지금까지 의료계에서 반대해 온 원격 의료에 해당된다. 그런데 최근에 의료계에서 메타버스를 이용한 환자의 진료와 치료에 관심을 가지며 변화를 보이고 있다. 의료 분야에서 메타버스는 의학 교육과 실습을 위한 방법으로 사용될 수 있고 환자의 진료와 치료에도 사용될 수 있다. 메타버스 가상공간에 의사와 환자 그리고 보호자 등 여러 관계자가 모여 함께 소통할 수 있다. 특히 직접 병원에 가기 어려운 장애인이나 고령자 및 오지에 있는 환자들이 메타버스 가상공간에서 의사를 만나 진료와 치료를 할 수 있어서 머지않은 미래에 중요하게 활용될 것이다.

그러나 지금은 메타버스에서 직접 환자를 진료하고 치료할 정도로 기술이 발달하지 않았다. 또 메타버스에서의 진료와 치료 과정에서 의료 사고가 발생하면 누가 책임질 것인지에 대한 것도 앞으로 풀어야 할 숙제 중 하나다. 메타버스 가상공간에서 실제 병원처럼 의사가 환자를 진료하고 치료하려면 의료 메타버스를 만드는 기술뿐만 아니라 의료 서비스를 문제없이 잘 제공하기 위한 법과 제도의 개선과 마련도 필요하다.

메타버스는 의료 분야뿐만 아니라 다양한 분야에도 적용되면서 앞으로 급성장할 것이다. 정부는 메타버스를 육성하기 위해 적극적인 투자에 나서고 있다. 정부는 2022년 메타버스에 5560억 원을 투입하여 2026년 글로벌 메타버스 시장점유율 5위 달성을 목표로 한다고 밝혔다. 그만큼 메타버스에 투자할 가치가 있고 메타버스를 발전시키는 것이 국가 차원에서 중요하다는 의미다.

의료 분야에 메타버스 플랫폼을 사용하려면 가상현실, 증강현실, 혼합현실, 사물인터넷, 5G 통신, 클라우드 컴퓨팅(cloud computing, IT 자원을 인터넷을 통해 실시간 사용한 만큼 비용을 지불하는 방식의 컴퓨팅), 인공지능 등과 같은 기술개발이 지속적으로 이루어져야 한다. 머지않은 미래에 아픈 나 대신 나의 아바타가 메타버스 병원에 가서 의사를 만나 진료와 치료를 받는 시대가 올 것이다.

3

휴먼 칩,
허파와 심장을 어떻게 마이크로칩에 올려놓았을까?

마블의 영화 〈앤트맨〉(2015)에서 스콧은 개미만큼 작아졌다가 다시 커지기를 자유자재로 반복하며 슈퍼히어로로 활약을 펼친다. 널리 알려진 히어로는 슈퍼맨이나 헐크처럼 힘이 세고 덩치가 크다. 그런데 이런 상식을 깨고 오히려 개미만큼 작아지는 능력을 지닌 히어로가 탄생했다. 언젠가부터 작은 것이 큰 힘을 발휘하는 시대에 살고 있다. 작은 반도체 칩 덕분에 스마트폰과 전자제품의 성능이 좋아졌다. 바로 나노기술이 세상을 크게 바꾸는 시대가 왔다.

그런데 작은 마이크로칩 위에 인체를 올려놓으려는 과학자가 등장했다. '앤트맨'처럼 실제로 사람이 개미만큼 작아져서 마이크로칩 위에 올라가는 것이 아니라 인체의 주요 장기들을 칩 위에 올려놓으려는 시도가 진행되고 있는 것이다.

요즘 들어 인체의 장기를 작은 칩 위에 하나 또 하나 올려놓는 과학자들이 점점 늘어나고 있다. 얼핏 보면 한여름 밤의 무더위를 식혀 줄 공포영화의 한 장면과도 같은 장기 칩. 이것은 작은 칩 위에 장기 모형을 올려놓은 것이 아니다. 진짜 살아 있는 사람의 장기를 칩 위에 올려놓은 것이다. 과학자들은 왜 굳이 작은 칩 위에 인체의 장기를 올려놓으려고 할까?

아주 작은 세상, 마이크로 세상으로 들어가 그 현장을 함께 살펴보자. 이번 여행에서는 마이크로칩의 마이크로 구조물 사이를 걸으며 마이크로 세상 풍경을 둘러볼 것이다. 그리고 그 작은 마이크로칩 위에 올려진 허파가 숨을 쉬고 심장이 팔딱팔딱 뛰는 것을 보게 될 것이다.

숨 쉬는 허파가 칩 위에

동물이나 식물 같은 생명체를 구성하는 가장 작은 단위는 세포다. 이 살아 있는 세포를 몸 밖에서, 그러니까 실험실의 그릇에서 키우기 시작한 것은 100년 전부터다. 사실 오랜 인류 역사를 생각할 때 최근에서야 세포를 실험실에서 배양할 수 있게 되었고, 이로써 생물학과 의학이 크게 발전했다. 그리고 세상을 또 한 번 놀라게 할 과학기술의 획기적인 발전이 요즘 진행되고 있는데, 바로 인체의 장기를 작은 칩 위에 올려놓는 기술이다.

세계 최초로 만들어진 장기 칩은 2010년 하버드대학 부설 비스연구소(Wyss Institute)에서 개발한 허파 칩(Lung on a chip)이다. 이 허파 칩을 개발한 주역은 한국인 과학자 허동은이다. 비스연구소의 연구원이었던 그는 허파세포를 작은 마이크로칩에서 배양하여 허파 칩을 만들었다. 이후 그는 미국 펜실베이니아대학으로 옮겨 장기 칩 연구를 이어가고 있다.

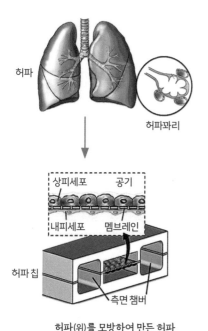

허파

허파꽈리

상피세포   공기

내피세포   멤브레인

허파칩

측면 챔버

허파(위)를 모방하여 만든 허파
칩(아래)

허동은이 만든 허파 칩은 엄지손가락 한 마디 정도 크기(3센티미터)로 속이 훤히 들여다보이는 투명한 폴리머 재질이다. 이 칩에는 실선을 몇 개 그어 놓은 것처럼 가늘고 긴 마이크로 채널이 몇 가닥 있는데, 그 마이크로 채널 안에는 실제 인간의 폐세포와 모세혈관세포가 들어 있다. 폐세포가 있는 마이크로 채널 옆에 진공 펌프에 연결된 채널이 있어 실제로 폐가 숨을 들이마셨다가 내뱉는 것처럼 팽창과 수축을 반복하도록 했고, 모세혈관세포가 있는 마이크로 채널로는 피가 흐르게 해 산소와 영양분을 공급하고 노폐물은 배출하도록 설계했다. 인간의 폐에 있는 허파꽈리 기능을 그대로 모방한 것이다.

즉, 사람의 허파처럼 숨 쉬는 아바타 허파를 작은 칩 위에 만든 것이다. 이렇게 만들어진 허파 칩은 실제의 허파를 대신해 여러 연구에 이용될 수 있다.

칩 위에서 팔딱팔딱 뛰는 심장세포

내 몸의 심장세포가 일을 그만두는 날, 그날이 바로 내가 죽는 날이다. 엄마 배 속에서 작은 심장이 만들어져 뛰기 시작한 순간부터 죽을 때까지 심장은 한순간도 쉬지 않고 움직이면서 피를 온몸 구석구석으로 보낸다. 심장은 심장세포가 모여 만든 장기로, 심장세포 하나하나가 규칙적으로 함께 팔딱팔딱 움직이고, 그 작은 힘들이 모여서 심장을 두근두근 뛰게 한다. 플라스크 위에 올려놓은 심장세포를 현미경으로 관찰하면 세포들이 다닥다닥 붙어서 나란히 줄지어 길게 뻗어 있을 뿐만 아니라 합창을 하듯 똑같은 속도로 팔딱팔딱 움직인다.

세계 최초로 심장 칩(Heart on a chip)을 만든 곳 역시 허파 칩을 처음 만들었던 비스연구소다. 2011년 이 연구소의 케빈 키트 파커 연구팀이 심장 칩을 처음 개발했다. 몇 년 후 버클리 캘리포니아대학의 케빈 힐리 교수팀이 심장 칩을 만들어 심장병 치료제의 효과를 시험하는 데 사용했다.

연구팀은 유도만능 줄기세포로부터 심장세포를 분화시킨 다음에 마이크로칩에 넣어서 작은 심장 조직을 만들었다. 그리고 심장세포에 영양분을 공급하기 위한 마이크로 채널도 만들었다. 이렇게 만든 심장 칩의 심장세포가 팔딱팔딱 뛰는 것을 연구원들이 관찰한 후 심장병 치료제 4종을 심장 칩에 주입했다. 이 약은 심장박동수가 정상보다 느린 환자를 위한 것으로 심장박동수를 늘리는 작용을 한다. 심장 칩의 심장세포는 보통 상태에서 분당 55~80회 정도 수축과 이완을 하며 뛰었다. 그런데 심장병 치료제를 주입하자 심장세포가 더 빨리 뛰기 시작하더니 최대 124회까지 박동수가 증가했다. 이를 통해 약이 심장박동수를 늘리는 데 효과가 있다는 것이 확인되었다. 이처럼 심장 칩은 심장질환 치료제 개발 과정에서 약의 효과를 미리 시험해 보는 데 이용되고 있다.

2016년에 하버드대학 연구팀은 세계 최초로 3D 프린터로 심장 칩을 제조했다. 3D 프린터를 이용해 완전 자동화·디지털화된 방법으로 빠르고 쉽게 심장 칩을 만드는 기술을 개발한 것이다. 그 이전의 방법은 많은 과정이 수작업으로 진행되었기 때문에 만들기가 매우 까다롭고 시간과 비용이 많이 들었다. 3D 프린터를 이용하여 장기 칩을 제조하는 기술은 쉽고 빠를 뿐만 아니라 원하는 형태로 디자인할 수 있어 더욱 주목받았다. 이러한 기술이 더욱 발달하면 미래에는 다양한 인체 조직의 장기 칩을 3D 프린터로 만들어서 쓸 수 있을 것이다.

피부 칩이 동물실험을 대신할까?

유럽에서는 2013년부터 화장품 개발 과정에서의 동물실험을 완전히 금지했다. 새로운 화장품을 개발하면서 동물실험을 통해 그 효과와 독성 여부를 실험했던 화장품 회사들은 난감한 상황에 놓였다. 그렇다고 직접 사람에게 실험하거나 아무런 실험 없이 완제품으로 팔 수도 없었다. 그런데 이 문제를 해결할 새로운 방법으로 피부 칩(Skin on a chip)이 주목받고 있다.

피부 칩은 피부세포를 작은 마이크로칩에 올려놓아 만든 것이라 동물실험을 하지 않고도 피부 시험을 할 수 있다. 세계 여러 연구팀에서 피부 칩을 개발하고 있으며, 국내에서는 2017년 서울대병원 최태현 교수와 고려대학 이상훈 교수 등이 함께 피부 칩을 개발했다. 국내에서 개발한 피부 모델 마이크로칩은 1센티미터 정도의 실리콘 위에 인체 세포를 키워 만든 것이다. 특히 이 피부 칩은 단순히 한 가지 피부세포만이 아니라 표피, 진피, 혈관 등을 포함하고 있어 인체의 피부에 더욱 가깝다. 이와 같은 피부 칩은 아직 개발 초기 단계에 있지만 앞으로 동물실험을 대체할 수 있을 것으로 기대된다. 피부 칩은 화장품 개발뿐만 아니라 피부질환과 관련한 신약 개발에도 시험용으로 이용할 수 있다.

몸의 화학공장 간을 올려놓은 간 칩

해독작용과 호르몬 생산 등 인체에서 화학공장과 같은 역할을 하는 간을 올려놓은 간 칩(Liver on a chip)도 개발되었다. 세계 여러 연구팀에서 간 칩을 개발했으며, 최근에는 간 칩을 이용한 신약의 독성시험 연구 결과도 발표되었다. 비스연구소의 장기 칩 기술을 상용화하기 위해 설립된 에뮬레이트 기업(Emulate Inc.)의 제럴딘 해밀턴 연구팀은 간 칩을 만들어서 신약의 독성시험을 진행한 결과를 2019년에 발표했다.

이 연구팀은 쥐와 개 그리고 사람의 간세포를 올려놓은 간 칩을 만든 후 신약을 주입하여 간세포 손상, 지방간, 담즙정체증, 간섬유화 등과 같은 간 독성이 나타나는지를 실험했다.

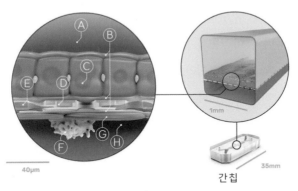

에뮬레이트에서 만든 간 칩 : A-조직 채널, B-세포외기질, C-사람 간세포, D-다공성막,
E-성상세포, F-쿠퍼 세포, G-간 내피세포, H-하부 혈관 채널

인체를 마이크로칩 위에, 휴먼 칩

2010년 세계 최초의 장기 칩인 허파 칩이 개발된 이후 심장, 간, 신장, 혈관, 뇌 등 인체의 여러 장기 칩이 세계 여러 연구팀에 의해 개발되었다. 이렇게 만든 장기 칩은 신약의 독성시험과 같은 연구에 활용되고 있다.

이제 과학자들은 좀 더 고도화된 다음 단계로 들어섰다. 우리 몸의 장기는 각각 고유한 기능을 담당하면서 동시에 다른 장기와도 유기적으로 연결되어 있다. 따라서 하나의 장기만 올려놓은 장기 칩보다 여러 장기를 하나의 칩 위에 올려놓은 다중 장기 칩을 이용하면 독성시험이나 생물학적 실험에서 좀 더 정확한 결과를 얻을 수 있다. 다시 말해, 하나의 마이크로칩에 간세포와 혈관세포 및 신장세포를 올려놓아 만든 '다중 장기 칩'이 더욱더 실제의 몸에 가깝다는 뜻이다. 이 다중 장기 칩을 이용하면 하나의 약에 여러 장기가 어떻게 반응하는지를 한꺼번에 알아볼 수 있을 뿐만 아니라 각 장기의 유기적인 연관으로 어떤 작용이 일어나는지도 살펴볼 수 있다.

이처럼 하나의 마이크로칩 위에 인체의 여러 장기를 올려놓은 것을 '휴먼 칩(Human on a chip)'이라고 한다. 장기 세포가 여러 종류인 휴먼 칩은 신약 개발과 질병 모델링 및 개인 맞춤 의료 등에서 사용할 수 있다.

지난 수십 년 동안 실험실에서 세포를 배양하는 기술이 많이 발달했다. 세포배양 조건을 잘 맞춰 주는 인큐베이터 장비도 있어 다양한 세포를 배양할 수 있다. 심지어 암세포를 배양하고 줄기세포도 배양한다. 그런데 실험실에서의 일반적인 세포배양 방식으로는 인체의 장기를 비슷하게 만들 수 없다는 것이 드러났다. 실험실에서 플라스틱 그릇에 세포를 담아 배양하면 바닥에 붙어서 자라기 때문에 2차원적으로 배양되지만, 인체의 장기 세포는 3차원적으로 자라기 때문이다. 또한 인체의 장기와 조직에는 장기를 구성하는 특정 세포뿐만 아니라 영양분과 산소를 공급하는 미세한 혈관세포 등 여러 종류의 세포가 층층이 쌓이고 엮여 있다. 그런데 실험실에서 세포를 배양하면 이 모든 것을 무시하고 한 종류의 세포만 잔뜩 바닥에 붙어서 자란다.

이 문제의 해결책으로 과학자들은 미세유체 칩(Microfluidic chip)을 이용하여 장기 칩을 만들었다. 미세유체 칩을 이용하면 일반적인 실험실에서의 세포배양과 달리 3차원 형태로 세포를 배양할 수 있다. 그리고 여러 종류의 세포를 혼합하여 배양하는 것도 가능하며, 장기 칩의 미세유체 채널을 통해서 혈관처럼 영양분과 산소가 들어 있는 용액을 주입하여 세포에 전달할 수 있다. 이처럼 이제는 실제의 인체 장기와 더욱 비슷한 장기 칩을 만들 수 있게 되었으며, 여러 장기가 하나의 칩에 있는 휴먼 칩도 다양하게 개발되고 있다.

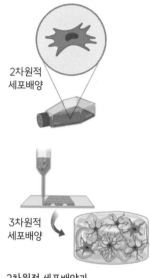

2차원적 세포배양

3차원적 세포배양

2차원적 세포배양과 3차원적 세포배양의 비교

동물실험을 대체할 장기 칩과 휴먼 칩

신약과 의료기기를 개발하는 과정에서 그 효능이나 독성과 같은 부작용을 시험하기 위해 동물실험을 많이 한다. 개발 중인 신약과 의료기기를 사람에게 사용하기 전에 먼저 동물을 대상으로 시험하는 것은 중요하고 필요한 절차다. 그러나 이러한 동물실험으로 우리나라에서만 2022

동물실험

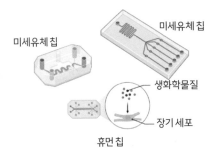

미세유체칩

미세유체 칩

생화학물질

장기 세포

휴먼 칩

**동물실험을 대체할 것으로
기대되는 휴먼 칩**

년 한 해 동안 499만 5680마리의 동물이 희생되었다. 신약이나 의료기기 개발뿐만 아니라 다양한 분야에서 동물실험이 진행되고 있지만, 한편으로는 전 세계적으로 동물실험을 줄이기 위한 노력과 이를 대신할 방법도 계속 찾고 있다.

유럽에서는 2013년부터 화장품 개발에서의 동물실험을 금지했고, 우리나라에서도 2017년부터 화장품 개발에 동물실험을 제한하는 화장품법 개정안이 시행되고 있다. 그렇지만 여전히 수많은 동물이 연구개발 과정에서 희생되고 있다. 최근 동물실험을 대체할 방법으로 장기 칩과 휴먼 칩이 주목받고 있다. 휴먼 칩은 아직 개발 초기 단계에 있어 당장 동물실험을 대체하기는 어렵지만 앞으로는 지속적으로 동물실험을 대체해 갈 것이다.

신약 개발의 비용과 시간을 크게 줄여 줄까?

동네 약국에 가면 약이 참 많다. 그런데 약을 하나 새로 개발하는 데에는 천문학적인 비용과 많은 시간이 들어간다. 신약을 하나 개발하는 데 평균 15년이 걸리고 비용도 1조 9천억 원이나 든다고 한다. 보통 새로운 약 하나를 개발하기 위한 신약 연구에서 1만 개 정도의 신약 후보물질을 발굴하는데, 세포실험과 동물실험 및 최종적으로 사람을 대상으로 한 임상시험을 거치면서 대부분은 폐기된다. 1만 개의 신약 후보물질 중에서 실제로 제품으로 출시되는 것은 겨우 1개 정도밖에 되지 않는다고 한다. 이렇게 신약 개발은 대부분 수백억 원의 돈을 쓰고도 실패로 끝나버린다. 따라서 신약 개발에서 비용과 시간을 어떻게 아낄 수 있는지가 중요한 문제다.

휴먼 칩이 이 문제의 해결책으로 떠오르고 있다. 인체의 장기가 올려진 작은 칩을 이용하여 개발 중인 신약 후보물질을 시험한다면 짧은 기간에 저렴한 비용으로 시험할 수 있다. 더욱이 실제 우리 몸과 유사하게 하나의 칩 위에 여러 장기를 올려놓은 휴먼 칩을 사용한다면 특정 장기에 대한 신약의 효능과 독성뿐만 아니라 여러 장기의 유기적인 작용과 반응도 함께 볼 수 있다. 이러한 휴먼 칩을 미국 하버드대학과 에뮬레이트, 독일의 티슈스(Tissue) 등 여러 연구기관과 기업에서 개발하고 있다.

제각기 나이가 다른 세포들

세포들이 모여서 조직과 장기를 구성하고 우리 몸을 만든다. 성인의 몸에는 70조 개 정도의 세포가 있다. 이는 몸무게가 70킬로그램 정도인 성인의 세포 수다. 몸이 뚱뚱한 사람은 세포도 뚱뚱할 것이라고 오해하기도 하는데, 세포 하나가 뚱뚱한 것이 아니라 세포의 개수가 더 많다. 우리 몸에는 적혈구나 백혈구처럼 동그란 공처럼 생긴 세포가 있고 신경세포나 근육세포처럼 길게 뻗은 세포도 있다.

각 장기 세포의 기능도 다양하다. 심장세포는 심장을 쥐어짜서 혈액이 온몸을 순환하도록 만든다. 소장과 대장의 세포는 음식물을 소화해서 영양분을 섭취한다. 뇌의 신경세포는 몸의 구석구석에서 오는 전기신호를 받아서 분석하고 기억하며 판단을 내려 몸을 움직이도록 명령한다. 그리고 허파세포가 받아들인 공기 중의 산소를 핏속의 적혈구가 온몸의 구석구석으로 운반한다. 이외에도 수많은 각기 다른 세포가 각자의 일을 열심히 하고 있다.

우리 몸의 세포는 제각기 나이가 다르다. 한 사람의 몸에 있는 세포인데도 어떤 세포는 3일 되었고 어떤 세포는 3달 되었으며, 또 다른 세포는 40년이 넘었다. 바이오넘버즈(BioNumbers)에서 밝힌 우리 몸 세포의 수명은 이렇다. 백혈구 2~5일, 소장 외피세포 2~4일, 위세포 2~9일, 허파꽈리 8일, 적혈구 120일, 혈소판 10일, 미뢰 10일, 파골세포 2주, 피부 표피세포 10~30일, 조혈 모세포 2개월, 정자 2개월, 뼈 모세포 3개월, 간세포 6~12개월, 지방세포 8년 등이다.

이처럼 수명이 제각기 다른 우리 몸의 세포는 수명이 다하면 죽고 새로운 세포가 그 자리를 대신 채운다. 마치 자동차의 각 부품이 어떤 것은 며칠이 지나 새것으로 교체되고, 다른 것은 몇 달이 지나서 새것으로 교체되는 것과도 같다. 심지어 부품뿐만 아니라 외부 차체의 표면도 한 달이 지나면 새것으로 교체되는 것과도 같은 신기한 일이 우리 몸에서 매일매일 일어난다.

세포	수명	세포	수명	세포	수명
백혈구	2~5일	미뢰(혀)	10일	뼈 모세포	3개월
소장 외피세포	2~4일	창자세포	20일	간세포	6~12개월
위세포	2~9일	파골세포(뼈)	2주	지방세포	8년
허파꽈리(폐포)	8일	피부 표피세포	10~30일	수정체 세포(눈)	평생
적혈구	120일	조혈 모세포	2개월	중추신경계 세포	평생
혈소판	10일	정자	2개월	난모세포	평생

우리 몸의 각 세포 나이(출처: 바이오넘버즈 기관)

앞에서 설명한 것처럼 우리 몸을 구성하는 세포 대부분은 며칠에서 몇 년이면 수명을 다한다. 그렇지만 수명이 매우 긴 세포도 있다. 심장을 뛰게 하는 심근세포는 매년 0.5~10퍼센트 정도 새로운 세포로 교체되고, 뼈대를 구성하는 골격은 매년 10퍼센트 정도 새로운 것으로 교체된다. 그런데 이보다 더 오래 살아가는 세포도 있다. 눈의 수정체를 구성하는 세포는 수명이 평생이고, 중추신경계와 난모세포도 수명이 평생이다. 사람이 태어나서 죽을 때까지 이 세포들과 함께한다는 뜻이다. 그러나 수명이 긴 세포까지 고려하더라도 수정체 세포와 중추신경계 세포 같은 몇 가지 세포를 제외하고는 10년이면 모두 새로운 세포로 교체된다.

얼마 전 길을 걷다가 우연히 20년 만에 옛 친구를 만났다. 서로를 알아보고는 반가운 마음에 안부를 묻고 즐겁게 수다를 떨었다. 집으로 돌아오는 길에 생각해 보니 참 신기했다. 그 친구는 어떻게 20년이나 지났는데 나를 알아보았을까? 그 시간이면 머리부터 발끝까지 내 몸의 거의 모든 세포가 새로운 세포로 교체되었을 텐데. 나는 또 어떻게 그 친구를 알아보았을까? 그 정도의 시간이면 수정체 세포와 중추신경계 세포를 제외하고 그의 몸은 두 번에서 수천 번 이상 새로운 세포로 교체되었을 텐데 말이다.

휴먼 칩 개발을 위해 꼭 필요한 것

인체 장기 세포를 넣어서 만든 장기 칩과 휴먼 칩은 역사가 10여 년 정도밖에 되지 않지만, 장래의 활용 가능성과 파급효과는 무척 클 것이다. 현재 많은 나라의 과학자가 이 분야의 기술을 연구하고 있어 앞으로 기술 발전과 활용이 더욱 빠르게 진행될 것이다.

휴먼 칩은 초연결 융합 시대의 과학기술을 보여 주는 좋은 예다. 휴먼 칩을 개발하려면 다양한 전문 분야의 지식과 기술이 필요하며 또 서로 융합되고 연결되어야 한다. 좀 더 구체적으로 살펴보면 이렇다.

먼저 미세유체 채널과 미세구조물을 가지고 있는 마이크로칩 제조를 보자. 장기 칩 사례에서 설명한 것처럼 이 마이크로칩의 전체 크기가 3~7센티미터 정도다. 이 칩 안에 지름 0.1밀리미터 정도의 채널이 여러 개 만들어져 있고 여러 미세구조물이 있다. 이 가느다란 채널은 머리카락 굵기 정도이거나 조금 더 굵은 정도다. 이러한 마이크로칩의 작은 미세구조 공간 안에 살아 있는 세포를 넣고 배양해서 장기 칩과 휴먼 칩을 만든다.

이 마이크로칩을 제조하려면 먼저 미세한 구조를 캐드(Computer Aided Design, CAD) 같은 프로그램으로 설계한다. 이후 반도체 칩을 제조할 때 사용하는 포토리소그래피(photolithography) 공정을 이용하여 실리콘 웨이퍼(wafer, 반도체의 재료가 되는 얇은 원판) 위에 마이크로칩의 미세구조물을 만든다. 그리고 투명한 폴리머 재료인 폴리디메틸실록세인(Polydimethylsiloxane, PDMS)으로 마이크로칩 제조를 완성한다. 이와 같은 과정으로 마이크로칩을 설계·제조하는 데 필요한 전공 분야는 기계공학과 재료공학 등이다. 그리고 마이크로칩의 재료와 용액 및 표면 처리 등을 위해서 화학 분야의 기술도 필요하다.

다음으로 세포배양을 보자. 보통 생물 실험실이나 생명공학 실험실에서 세포배양은 일상적으로 하는 일이다. 그러나 여기서 말하는 장기 칩과 휴먼 칩 안에서 세포를 배양하는 것은 일반적인 세포배양과 여러 가지 측면에서 크게 다르다. 칩의 미세한 구조 공간 안에서 세포를 배양해

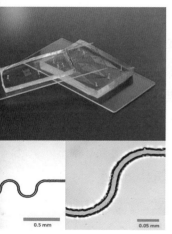

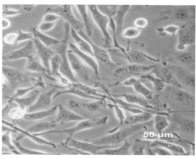

마이크로(PDMS)
칩(왼쪽)과 세포배양
플라스크(중간), 배양된
난소세포(오른쪽)

야 하는 특성이 있기 때문이다.

일반적인 생물 실험실에서의 세포배양은 살아 있는 세포를 배양조에 넣고 온갖 영양분이 있는 배양액을 함께 넣어 준 다음에 적정한 온도와 이산화탄소 농도 등을 맞춰 주는 인큐베이터에 넣으면 된다. 그렇지만 마이크로칩 내의 미세구조 공간에 세포를 넣고 배양하는 경우에는 영양분이 들어 있는 배양액을 직접 마이크로 채널을 통해 넣어 줘야 하고 온도와 공기 조건 등도 직접 맞춰 줘야 한다. 이를 위해서 세포를 배양하는 생물학적인 전공 지식과 기술뿐만 아니라 마이크로칩의 미세구조 환경과 제어에 관해서도 잘 알아야 살아 있는 세포를 건강하게 유지하고 배양할 수 있다. 따라서 세포배양과 관련된 생물학과 생명공학 및 의공학 등의 전공 분야 지식과 기술이 필요하다.

마지막으로 이렇게 만든 장기 칩과 휴먼 칩으로 새로 개발한 신약의 독성과 효능을 시험하려면 신약 분야의 전문 지식과 기술이 필요하다. 즉, 기본적으로 약학과 의학 분야의 지식과 기술이 필요하며, 신약의 시험 평가와 관련된 좀 더 전문적인 지식과 기술이 필요하기도 하다. 이러한 전문 분야의 지식과 기술이 있어야 신약의 시험 평가를 위한 실험 설계를 할 수 있고 시험 결과를 해석하여 결론을 내릴 수 있다.

이처럼 장기 칩과 휴먼 칩을 신약이나 의료기기 등 첨단의료 기술과 제품 개발에 활용하기 위해서는 다양한 전문 분야의 초연결 융합이 필수다. 한 사람이 이 모든 것을 전문가 수준으로 알 필요는 없지만, 기본적인 이해와 경험이 있어야 다른 분야의 사람들과 함께 일을 할 때 원활한 소통과 협업이 가능하며 좋은 결과를 얻을 수 있다.

2022년 9월 미국 상원에서 신약 개발 단계에서 동물실험 의무화 조항을 삭제한 〈식품의약품화장품법〉이 통과되었고, 그해 12월에 조 바이든 미국 대통령이 개정안에 서명했다. 이에 따라 그간 신약 개발 과정에서 반드시 해야 했던 동물실험을 하지 않고 대체시험법을 사용할 수 있게 되었다. 이 대체시험법에는 장기 칩, 오가노이드(organoid, 인공장기), 컴퓨터 시뮬레이션, 빅데이터 등이 해당된다. 따라서 장기 칩에 대한 관심과 중요성이 더욱 커졌다.

그러나 이 장기 칩은 현재 연구개발의 초기 단계에 있어 대량생산하여 실제로 활발하게 이용하기에는 아직 이르다. 그렇지만 머지않은 미래에 장기 칩은 신약이나 화장품 개발에서 동물실험을 대체할 것으로 예상된다. 또한 휴먼 칩은 신약의 독성이나 효능 시험 등에서 사용될 것이다. 그리고 미세먼지가 인체에 미치는 영향 등 환경과 건강과 관련된 연구에도 장기 칩과 휴먼 칩이 사용될 수 있다. 인류는 이제 자신의 몸을 대신해 줄 미니어처 아바타를 갖게 되었으며 앞으로 다양한 분야에서 중요하게 사용될 것이다.

4
블록체인,
가상화폐 기술이 내 건강도 지켜 준다?

사랑의 자물쇠는 사랑을 지켜 줄까? 퐁데자르 위에서 남녀 주인공이 다리 난간에 자물쇠를 하나 채우고 열쇠를 센강에 던져 버렸다. 2013년에 개봉한 〈나우 유 씨 미(Now You See Me)〉는 이 장면으로 끝난다. 그들처럼 전 세계에서 온 연인들이 프랑스 파리의 퐁데자르 난간에 자물쇠를 걸며 그들의 사랑이 영원하기를 소망했다. 2008년부터 하나둘씩 모여들어 사랑의 증표로 자물쇠를 달기 시작했는데 급기야 155미터나 되는 다리 난간에 수십만 개의 자물쇠가 빈틈없이 빼곡하게 달렸다. 그러다 2014년 6월에 자물쇠의 무게를 이기지 못하고 다리 난간 일부가 무너지는 사고가 발생했다. 이로 인해 파리시는 다리의 모든 자물쇠를 없애기로 했다.

자물쇠로 단단히 채워야 하는 것은 연인과의 사랑뿐만이 아니다. 개인의 의료정보도 누가 훔쳐 가지 못하도록 단단히 채워 놓아야 한다. 얼마 전 블록체인이 자물쇠처럼 의료정보 지킴이가 되겠다고 나섰는데, 과연 블록체인은 그 역할을 완벽하게 수행할 수 있을까?

이번 여행에서는 가상화폐 기술로 알려진 블록체인(Blockchain)을 만날 것이다. 블록체인이 의료 분야에 뛰어들어 무슨 일을 벌이고 있는지 그 현장을 둘러볼 것이다. 자, 낯설고 괴상해 보이기까지 하는 블록체인을 만나 보자.

블록체인, 의료정보를 지키는 자물쇠가 되다!

의료정보에는 병원에서 작성하는 전자의무기록, 혈당수치나 운동량 같은 개인 건강정보, DNA의 유전체 정보 등이 있다. 최근에 정보화 시대를 지나 제4차 산업혁명 시대에 접어들면서 의료정보의 가치는 하늘을 향해 치솟고 있다.

예전에 정보는 어떤 일을 하는 데 도움을 주는 보조적인 역할을 했다. 그런데 이제 '정보' 또는 '데이터'는 보조적인 역할을 넘어서 주체적으로 무언가를 수행하여 중요한 결과도 만들고 돈도 벌게 해준다. 이른바 '빅데이터'의 시대가 시작되었다. 이러한 정보 중 가장 소중한 것이 바로 '의료정보'다.

미래의 첨단 의료기술 가운데 하나만 꼽으라고 하면 정밀의료라는 개인 맞춤 의료기술이라고 할 것이다. 최근 인공지능, 빅데이터, 사물인터넷 등 첨단기술이 의료기술과 연결되면서 환자 개개인에 딱 맞는 고품질 맞춤형 질병 치료와 건강관리를 위한 첨단 의료기술로 발전하고 있다. 이를 실현하려면 의료정보가 꼭 필요하다.

지금까지는 대부분 의료정보를 병원과 정부기관에서 관리하면서 필요할 때 사용해 왔다. 그러나 이제는 새로운 약이나 의료기기를 개발하는 기업, 인공지능과 빅데이터를 이용해서 의료기술을 개발하는 기업, 여러 보험회사와 의료 관련 기관 등에서도 의료정보가 필요해졌다. 그렇지만 의료정보를 마구잡이로 주고받거나 가져다 쓸 수가 없다. 의료정보가 위조되거나 해킹되는 일이 발생하면 안 되기 때문이다.

만약 의료정보가 위조되어 암에 걸린 적이 없는데도 대장암 말기 환자라고 기재되어 있다면 큰일이다. 개인의 의료정보가 해킹당해서 모르는 사이에 이상하게 사용된다면 이 또한 큰일이다. 그리고 의료정보를 사용하고자 하는 기업이나 기관에서도 의료정보에 위조된 정보가 상당수 섞여 있다면 이용할 수 없을 뿐만 아니라 혹시라도 이를 이용해서 얻어낸 결과물을 믿을 수 없게 되고 만다. 근본적으로 의료정보는 아주 중요한 개인정보이기 때문에 해킹이나 잘못된 사용을 방지해야 한다.

전자의무기록은 병원에서 엄격하게 관리하고 있으며 환자 본인이 직접 병원에 가서 청구해야만 받을 수 있다. 그리고 개인의 건강정보와 유전체 정보는 아직 소수의 사람만 그 정보를 가지고 있으며 이것을 사용하는 사례가 많지 않다. 따라서 지금까지는 소중한 의료정보의 위조나 해킹이 큰 문제가 되지 않았다. 그럼에도 의료정보의 위조와 해킹에 관한 문제는 매우 중요하다. 어떻게 하면 의료정보를 안전하게 지키고 다양하게 이용할 수 있을까? 이 문제를 해결하기 위한 해결사로서 블록체인이 등장했다.

블록체인이란?

블록체인 하면 '비트코인'을 떠올리는 사람이 많다. 몇 년 전, 비트코인

가상화폐(비트코인)

으로 큰돈을 벌었다는 사람들이 등장하면서 한때 비트코인 투자 열풍이 일어나기도 했었다. 가상화폐인 비트코인이 진짜 돈이 맞는지에 대한 논란이 여전히 존재하지만, 많은 사람이 진짜 돈을 주고 비트코인을 사고 있다. 이 비트코인을 만든 기술이 바로 블록체인이다. 그래서 많은 사람이 블록체인을 마치 비트코인의 동의어처럼 인식하고 있지만, 이 둘은 서로 다르다.

2008년 나카모토 사토시가 비트코인에 관한 논문을 발표했고 그다음 해에 50비트코인을 처음 채굴하면서 비트코인이라는 용어가 생겨났다. 그리고 가상화폐인 비트코인은 블록체인 기술을 사용한 유명한 사례로 인식되었다. 이후 블록체인 기술의 쓰임새는 점차 다른 분야로 확장되었다. 최근에는 블록체인이 헬스케어 기술과 손잡고 의료 분야에서 큰 변화를 이끌고 있다.

'블록체인'이란 무엇일까? 블록체인은 '블록(벽돌)'을 '체인'처럼 잇따라 연결한 모음이다. 말장난처럼 들리겠지만 그렇다. 조금 덧붙이면, 소중한 정보가 담긴 블록들을 특별한 방법으로 체인처럼 계속 연결한 것이라고 할 수 있다.

금융위원회에 따르면, 블록체인이란 거래 데이터를 중앙집중형 서버에 기록·보관하지 않고 거래 참가자 모두에게 내용을 공유하는 분산형 디지털 장부를 의미한다. 한국은행은 블록체인이 분산원장 기술로, 거래정보를 기록한 원장을 특정 기관의 중앙서버가 아닌

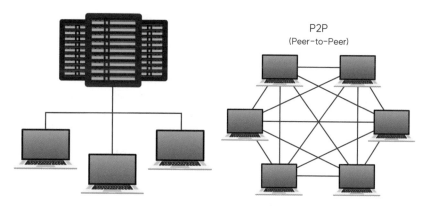

중앙서버 방식(왼쪽)과 P2P 네트워크 방식(오른쪽)

P2P(Peer-to-Peer) 네트워크에 분산하여 참가자가 공동으로 기록하고 관리하는 기술이라고 정의한다. 이와 같은 개념 정의를 쉽게 설명하면 다음과 같다.

블록체인의 가장 큰 특징은 거래 과정에서 '공인된 제3자'가 필요 없다는 점이다. 금융거래와 같은 중요한 거래는 안전한 거래를 위해 공인된 제3자를 통해서 진행한다. 다른 사람에게 돈을 보낼 때 '은행'을 통해서 보내는데, 은행이 바로 '공인된 제3자'다. 흥부가 놀부에게 송금할 때 은행을 이용하는 방법과 블록체인을 이용하는 방법을 비교하면 공인된 제3자가 무엇인지와 블록체인이 어떻게 작동하는지 쉽게 알 수 있다.

먼저, 은행을 이용하는 방법을 보자. 흥부는 은행에 가서 또는 은행의 홈페이지나 앱에서 계좌 이체로 놀부에게 송금한다. 이때 '은행'이라는 '믿음직한 제3자'가 송금이 안전하게 진행하도록 도와준다. 은행이 송금 과정에서 흥부의 통장 잔액을 확인하고 놀부의 계좌를 확인해서 돈을 안전하게 놀부에게 보낼 수 있게 해준다.

다음으로, 블록체인을 이용하는 방법을 보자. 흥부가 놀부에게 돈을 보내려고 할 때 이 거래와 관련된 것이 온라인상에서 블록으로 만들어져 저장된다. 그리고 이 블록이 네트워크상의 모든 참여자에게 전달된다. 그러면 참여자 모두가 해당 블록을 인증한다. 이렇게 해서 새로운 블록이 생겨 기존 블록에 추가되어 믿을 수 있고 투명한 거래 기록이 만들어진다. 이후 흥부의 돈이 실제로 놀부에게 이동하여 송금이 완료된다. 이처럼 블록체인을 이용하면 은행과 같은 공인된 제3자 없이도 거래가 안전하게 이루어질 수 있다.

블록체인, 어떻게 작동할까?

정말 은행과 같은 공인된 제3자 없이 안전하게 거래하는 것이 가능할까? 어떻게 작동하는지 보자. 우선 블록에 중요한 정보를 담고 암호화한다. 그리고 다른 새로운 정보가 담긴 암호화된 블록을 만들어서 기존 블록에 순차적으로 연결하여 장부를 만든다. 이렇게 만들어진 장부를 네트워크상에서 거래에 참여하는 모든 참가자가 복사된 동일한 형태로 분산 관리한다. 그러니까 중요한 장부를 은행의 중앙집중형 서버처럼 한곳에 보관하는 것이 아니라 참여자 모두가 공유하는 분산형 디지털 장부로 관리하는 것이다.

거래가 새로 발생할 때는 모든 참여자가 동의하여 거래를 인증하고 새로운 정보를 실시간으로 계속 업데이트한다. 만약 해커가 블록체인을 해킹하려고 하면 네트워크의 모든 참여자의 장부를 해킹해야 한다. 네트워크에 수많은 참여자가 있어서 그들의 장부를 모두 해킹하는 것은 현실적으로 불가능하다.

그리고 일정한 시간 간격으로 정보가 담긴 새로운 블록이 기존 블록에 계속 연결되어 블록체인을 형성한다. 예를 들어 블록체인 기술로 만든 비트코인은 10분마다 새로운 블록이 체인처

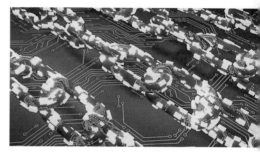

블록체인

럼 계속 연결된다. 이 새로운 블록은 작업 증명이라고 하는 합의 과정을 통해서 생성되고 연결되기 때문에 이상한 다른 블록이 끼어들어 연결될 가능성이 없다. 다른 말로 하면 블록체인은 허가받은 사람만이 약속된 방법으로 중요한 내용이 담긴 장부를 볼 수 있고 거래하는 과정도 모두 기록으로 남는다.

블록체인의 역사는 짧다. 1983년 신뢰할 만한 특정 기관에 의존하지 않는 암호화폐 개념이 처음 제안되었다. 그리고 1991년 블록체인 기술이 위·변조가 불가능한 시간 기록 도구로 제안되었다. 이후 2008년 나카모토 사토시가 블록체인 기술을 이용해서 비트코인이라는 암호화폐 개념을 처음 제안했다. 암호화폐는 가상화폐라고도 부른다.

블록체인의 특징은 탈중앙화, 투명성 보장, 보안성 강화, 효율화 등이다. 또한 블록체인의 기술적 특성에 의해서 블록체인에 담긴 정보는 위·변조가 안 되고 해킹도 안 된다. 따라서 건강과 관련된 소중한 헬스케어 정보를 안전하게 이용하기 위한 기술로는 블록체인이 안성맞춤이다.

블록체인의 종류

블록체인은 네트워크 참여자 종류와 시스템 접근 범위에 따라서 세 가지로 구분된다. 공개 블록체인(Public Blockchain), 프라이빗 블록체인(Private Blockchain), 컨소시엄 블록체인(Consortium Blockchain)이다.

공개 블록체인은 원하는 사람 누구나 네트워크에 들어와서 거래 내역 생성, 검색, 검증 등을 할 수 있다. 1세대 블록체인 기술로 만든 비트코인이 공개 블록체인이며, 이후에 만들어진 이더리움(ethereum) 가상화폐도 공개 블록체인이다. 공개 블록체인은 네트워크에 참여하는 모든 거래 참여자가 관리 주체가 된다. 그렇지만 네트워크 확장이 어렵고 거래 속도가 느리다는 단점이 있다.

프라이빗 블록체인은 허가받은 사용자만 이용할 수 있다. 따라서 기업이나 정부가 사용하기 좋은 블록체인이다. 하나의 중앙기관이 관리 주체로 역할을 하므로 중앙기관의 의사결정에 따라 법칙을 쉽게 바꿀 수 있고 네트워크 확장이 쉽고 거래 속도도 빠르다. 그러나 허가받은 사용자만 접근할 수 있고 익명성이 보장되지 않는다. 나스닥 링크(Nasdaq Linq)가 프라이빗 블록체인에 해당한다.

컨소시엄 블록체인은 허가받은 사용자, 즉 지정된 개인이나 단체가 주체로서 참여하여 정보에 접근할 수 있도록 만든 것이다. 컨소시엄에 속한 참여자가 관리 주체로서 합의를 이루는 방식이라 비교적 쉽게 법칙을 바꿀 수 있다. 또 네트워크 확장도 쉽고 거래 속도도 빠르다. 그러나 허가받은 사용자의 익명성이 보장되지 않는다. 캐스퍼(CASPER) 블록체인이 컨소시엄 블록체인에 속한다.

블록체인과 헬스케어의 만남

가상화폐를 만들어 낸 블록체인 기술이 건강과 관련된 헬스케어 기술과 만나면 어떤 일이 일어날까? 이 두 기술은 전혀 상관없을 것처럼 보이지만 서로 융합하여 큰 변화를 일으키고 있다. 병원에서 작성하는 환자의 의료정보를 비롯하여 건강과 관련된 개인 의료정보 등 소중한 의료정보를 블록체인 기술로 안전하게 관리한다. 그리고 주요 의약품의 오용과 남용을 방지하기 위해 약의 생산부터 최종 사용까지 전체 과정을 추적·관리하는 것도 블록체인 기술을 이용하면 가능하다. 이외에도 의료보험 청구와 심사 등의 과정을 효율적으로 개선해 준다.

임상시험에도 이용할 수 있다. 블록체인 기술을 이용하면 임상시험의 과정과 결과를 위·변조 없이 안전하게 저장할 수 있다. 질병을 진단하고 치료하기 위한 신약과 의료기기를 개발하는 과정에서 임상시험은 매우 중요하다. 이 임상시험은 건강한 사람과 환자를 대상으로 신약과 의료기기를 시험하는 것이므로 임상시험 관련 자료와 결과가 위조나 변조되지 않고 안전하게 보존되는 것이 중요하다. 여기서 말하는 '위조'와 '변조'의 의미 차이는 다음과 같다. 위조는 처음부터 가짜를 만드는 것이며, 변조는 원래 존재하는 것의 일부를 바꿔서 만드는 것이다. 블록체인에 임상시험 데이터를 저장하면 위조나 변조를 막고 해킹의 위험성도 없이 안전하게 저장하고 이용할 수 있다.

개인 의료정보 등 소중한 의료정보를 블록체인 기술로 안전하게 관리해야 한다.

정밀의료에도 블록체인 기술이 적용될 수

있다. 환자 개인에게 딱 맞는 맞춤형 의료 서비스를 제공하는 것이 정밀 의료인데 이를 위해 의료정보가 꼭 필요하다. 즉, 정밀의료를 위해 병원에서 작성하는 환자 의료정보, 개인이 만드는 개인 의료정보, 개인의 몸 속 DNA에 있는 유전체 정보 등 여러 종류의 의료정보를 블록체인에 저장하여 안전하게 관리하고 이용할 수 있다. 또 유전자 정보의 분석과 이용에 관한 동의서 등 중요한 문서도 블록체인을 이용해서 안전하게 관리할 수 있다.

사물인터넷 시대의 개인 의료정보 지킴이

병원에서 작성하는 의료정보뿐만 아니라 개인이 자신의 건강과 관련하여 획득한 개인 의료정보도 중요하다. 요즘은 병원이 아닌 집이나 공공시설에서도 혈압측정기와 혈당측정기 등과 같은 의료기기로 건강 상태를 확인해 볼 수 있다. 이외에도 여러 개인용 의료기기와 건강관리에 도움을 주는 스마트폰 앱이 개발되어 사용되고 있다. 앞으로는 사물인터넷 기술이 개인의 건강관리를 위해 다양하게 이용될 것이다.

사물인터넷이란 각종 첨단 센서가 인터넷을 통해 무선 통신으로 서로 연결되어 작동하는 것을 말한다. 사물인터넷 기술을 이용하여 개인의 건강 관련 정보를 수집하고 저장하여 이용하려면 개인 의료정보의 보안이 중요하다. 이를 위해 블록체인 기술이 이용될 수 있다.

2017년 IBM 왓슨 헬스(Watson Health) 인공지능사업부는 미국식품의약국과 블록체인 기술을 이용해서 환자의 의료정보를 안전하게 공유하기 위한 기술개발에 관한 공동사업 계약을 맺었다. 이 사업은 사물인터넷 기술, 모바일 기기, 웨어러블(wearable) 기술 등을 이용해서 전자의무

기록, 임상시험, 게놈 데이터 등의 환자 의료정보를 안전하게 공유할 수 있는 기술개발을 목표로 한다.

2018년에는 국내 기업인 퀘스천이 블록체인 기술을 이용해 만든 '헬스코인(healthcoin)'을 출시했다. 만보기와 암호화폐(HCN)를 연결해서 만든 이 코인은 사용자의 걸음 수에 따라 암호화폐를 지급하는 방식이다. 퀘스천은 블록체인 기술을 이용해서 의료 수요자의 병원과 약국 사용 이력 등의 정보를 담은 보험 종합 건강관리 플랫폼을 개발할 계획이다.

환자 중심의 의료정보 시대

블록체인이 의료 분야에서 일으킨 혁신적인 변화 중 하나인 환자 중심의 의료정보 시대를 열어 간다는 점에 주목할 필요가 있다. 병원 중심으로 관리하고 사용하던 의료정보를 환자가 주체가 되어 관리하고 사용하는 시대로 접어들고 있다는 뜻이다. 최근 들어 일반인과 환자가 개인의 의료정보를 소유할 권리를 주장하기 시작했으며, 이를 가능하게 해주는 기술도 더불어 발전하고 있어 머지않은 미래에 환자 중심의 의료정보 시대가 실현될 가능성이 크다.

건강검진이나 병의 진단과 치료를 위해 병원에 찾아가 검사하고 치료를 받기 때문에 자연스럽게 개인의 의료정보가 병원에 남는다. 그러나 생각해 보면 병원에서 보유한 그 많은 의료정보는 비록 진단과 치료 과정에서 쌓인 것이지만 환자 개개인의 의료정보이기도 한 것이다. 더욱이 진료비를 병원이 모두 내준 것도 아닌 환자와 의료보험에서 지불했다. 그런데도 환자는 의료정보의 주체로서 제대로 대접받지 못하고 있다. 현재는 환자의 의료정보가 병원에 있으므로 환자가 다른 병원에서 치료받으려면 이전 병원으로 환자 본인이 직접 찾아가 진단과 치료 받은 의료정보를 요청해서 받은 후 옮긴 병원에 제출해야 한다.

그러나 미래에 블록체인 기술을 이용하여 의료정보를 관리하면 병원뿐만 아니라 환자 개인도 자신의 의료정보를 주체적으로 관리하고 이용할 수 있게 된다. 따라서 환자가 병원을 옮기더라도 이전에 여러 병원에서 받은 진단과 치료 등에 관련한 의료정보를 환자가 직접 가지고 있어서 언제든 다른 병원에 제공하기가 쉬워진다. 이뿐만 아니라 병원을 옮겼을 때 이전 병원에서 받았던 기본적인 검사들을 다시 받지 않아도 되기 때문에 환자가 덜 고생하고 시간과 돈도 절약할 수 있다. 또 옮긴 병원에서는 이전에 그 환자가 다른 병원에서 치료받은 의료정보를 빨리 확인해 필요 없는 검사를 하지 않아도 되기 때문에 더욱 환자에게 필요한 치료를 집중해서 제공할 수 있다.

만약 병원에서 환자에게 개인의 의료정보를 모두 가져가서 마음껏 사용하라고 내준다고 하자. 이때 환자가 관리하고 사용하는 과정에서 위·변조와 해킹이 발생하면 큰 문제가 생긴다. 따라서 환자의 의료정보를 안전하게 관리하고 사용할 수 있는 기술적인 안전장치가 필요하다. 미래에는 환자가 자신의 의료정보를 블록체인에 저장하여 주체적으로 의료정보를 안전하게 관리하고 이용하게 될 것이다. 이는 블록체인 기술로 의료정보의 위·변조 방지가 되기 때문에 가능하다. 따라서 블록체인 기술을 이용해서 통합의료정보 플랫폼을 만들면 환자 중심의 의료정보 관리와 이용이 가능할 것이라고 전문가들은 말한다.

최근 기업들이 블록체인에 의료정보를 담아서 이용하기 위한 기술개발에 나서고 있다. 메디블록(Mediblock)은 여러 의료기관에 분산된 환자의 의료정보를 통합적으로 관리하고 유통할 수 있는 블록체인을 개발하고 있다. 환자가 주체적으로 자신의 의료정보를 소유할 뿐만 아니라 유통할 수도 있는 기술이다. 이러한 기술이 개발·사용되는 미래에는 개인이 대가를 받고 의료기관이나 제약사에 의료정보를 제공할 수도 있을 것이다. 환자 개인이 가진 의료정보 중에서 특히 희귀병처럼 특별한 정보 등은 높은 가치를 인정받아 큰 대가를 받고 의료기관과 제약사에 제공할 수 있을 것이다. 이외에도 환자의 유전체 정보를 안전하게 저장하고 유통하도록 해주는 블록체인 플랫폼 '쇼봄(Shovom)', 개인의 유전체를 분석하여 개인에게 제공할 뿐만 아니라 그 분석 정보를 제약사와 연구기관에 제공하는 '마이게놈박스(Mygenomebox)' 등이 개발되고 있다.

개인 의료정보

보험 처리도 뚝딱! 자동 계약 체결도 가능

병원에서 진료받거나 약국에서 약을 구입할 때 비용의 일부는 개인이 내고 나머지는 국민건강보험에서 낸다. 또 개인적으로 실손보험에 가입했다면 개인이 부담하는 의료 비용을 실손보험으로부터 지급받을 수도 있다. 병원에서 허위로 의료보험 청구를 과다하게 했다가 적발되는 사건이 가끔 발생한다. 병원 의료진이 고의로 허위 서류를 작성해서 환자를 더 많이 진료한 것처럼 꾸며서 보험 청구를 하더라도 심사 과정에서 이를 잡아내기란 현실적으로 쉽지 않다. 현재 사용하고 있는 의료보험 청구와 심사 과정의 업무처리 방식은 비효율적이며 정상적으로 의료보험이 지급되었는지 모니터링하기 어렵다.

이러한 문제는 블록체인 기술을 이용함으로써 해결할 수 있다. 보험 청구와 심사의 전체 과정에 블록체인을 이용해서 진행함으로써 투명하고 빠르게 처리할 수 있다. 또 허위로 과다한 보험 청구를 하는 문제와 과소 지급 문제 등을 예방할 수도 있다.

블록체인의 '스마트계약' 기술을 이용한다면 보험 청구와 심사 과정이 더욱 빨라지고 효율적으로 진행된다. 여기서 '스마트계약'이란 미리 정한 특정한 조건이 되면 법적 효력을 갖는 계약이 자동으로 진행되는 것을 말한다. 이제 블록체인은 단지 중요한 정보를 안전하게 저장하는 기능에서 한 단계 더 발전하여 일정 조건에서 자동으로 계약도 체결해 준다. 그러므로 블록체인의 스마트계약 기술을 이용하면 보험 청구와 심사 과정의 업무처리 속도가 빨라지고 비용도 적게 들어 효율적이다.

개인이 실손보험에 가입했더라도 병원에서 치료받은 금액이 소액이라면 환자가 병원에서 진료기록 사본 등의 서류를 발급받아 보험회사에 지급 신청을 하기가 까다로워서 신청을 포기하는 경우가 생긴다. 건강보험과 보험사 통계를 활용해 분석한 자료에 따르면, 2021년과 2022년에 청구되지 않은 실손보험금은 각각 2559억 원, 2512억 원이라고 한다. 그런데 블록체인 기술을 적용하면 실손보험에 가입한 환자가 병원에서 진료받고 진료비를 낼 때 병원과 보험회사가 진료기록을 실시간으로 공유해서 환자가 별도의 서류를 제출하지 않아도 자동으로 보험금 청구가 이루어지게 할 수 있다. 이처럼 블록체인 기술을 이용하면 소액이라도 보험 청구가 훨씬 쉽고 빠르게 처리될 수 있다.

실제로 이와 같은 기술을 개발하고 있는 기업이 있다. 교보생명은 환자가 실손보험을 청구할 때 병원의 진단서를 블록체인에 넣어서 제출할 수 있도록 절차를 간소화할 것이라고 밝혔다. 이와 같은 블록체인 기술이 발달하면 환자가 병원에서 진료비를 낼 때 보험금을 청구할 것이라 말하고 휴대폰 앱으로 진료기록을 선택해서 보험사로 보내면 자료가 바로 보험사로 전송되어 보험 청구 처리가 완료될 것이다.

가짜 약 잡고, 약물 관리도 척척

가짜 약을 팔다가 적발되거나 병원에서 특정 약물을 불법적으로 사용하다가 적발되는 사례가 가끔 뉴스에 나온다. 식품의약품안전처가 2015년에 발표한 연구보고서에 따르면, 전 세계적인 위조의약품 문제에는 유효성분 부재(32.1퍼센트), 표준품과 다른 유효성분 함량(20.2퍼센트), 효과가 다른 유효성분 함유(21.4퍼센트), 불순물이나 유독성분 함유(8.5퍼센트) 등이 있다. '안전한 의약품 접근권을 위한 유럽동맹(European Alliance for Access to Safe Medicines, EAASM)'에 따르면, 전 세계 가짜 약 시장은 한 해 750억~2천억 달러(82조~220조 원)에 이른다. 또한 전 세계 인구의 약 25퍼센트가 가짜 약 때문에 피해를 입는다고 영국의 브라자빌재단이 지적했다.

　병원과 약국에서 꼭 필요한 환자에게 적정량을 사용해야 하는 약이 잘못 사용되거나 가짜 약이 유통되어 사용되는 것을 방지해야 한다. 특히 병원에서 사용되는 약 중에 마약 성분이나 중점 관리 대상의 특정 성분이 포함된 약이 꼭 필요한 환자가 아닌 사람에게 잘못 사용된다면 큰일이다. 지금까지 가짜 약을 잡아내고 약물의 오·남용을 방지하기 위해 병원을 비롯한 여러 관계 기관이 노력을 기울이고 있지만, 약의 생산과 유통 및 사용에 이르는 과정이 매우 복잡해서 현실적으로 가짜 약을 적발하거나 주요 의약품의 오·남용을 방지하기가 쉽지 않다.

이 문제와 관련하여 블록체인 기술을 이용할 수 있다. 약이 제약사의 공장에서 생산되는 순간부터 유통 과정을 거쳐서 최종적으로 환자에게 사용되는 전체 과정을 모두 블록체인에 기록하고 관리한다면 의약품의 생산과 유통 및 사용에 관한 모든 정보를 위·변조 없이 안전하게 관리할 수 있다. 이와 더불어 가짜 약의 문제와 약의 오·남용 문제를 해결할 수 있다. 만약 문제가 생기더라도 어디에서 문제가 발생했는지 정확하게 알아내는 것도 기술적으로 가능하다. 최근 빠른 속도로 발전하고 있는 사물인터넷 기술이 의약품의 유통 전 과정의 정보를 블록체인 안에 저장하는 데 이용될 수 있다. 즉, 사물인터넷 센서를 이용하여 약이 만들어지는 제약사 공장에서부터 유통과 사용에 이르는 전체 과정의 정보를 블록체인에 저장하고 모니터링하는 것이 가능하다.

최근 약물의 유통 과정을 안전하게 관리하는 블록체인 기술이 실제로 개발 중이다. 의약품의 운반과 공급을 관리하기 위한 플랫폼인 '젬 헬스(Gem Health)', 오피오이드류 통증완화제처럼 미국 마약단속국의 통제 약물을 관리하기 위한 '블록메드엑스(BlockMedX)', 의약품의 운반과 공급망 관리를 위한 '메디레저(Mediledger)' 등이다.

국내외 블록체인 개발 사례

국내외에서 개발 중인 다양한 블록체인을 보자. 구글 딥마인드는 영국 국가보건서비스(National Health Service, NHS)와 함께 블록체인 기술을 연계하여 환자의 개인정보 현황을 실시간으로 추적할 수 있는 기술을 개발한다고 2017년에 밝혔다. 이 기술은 환자 정보를 암호화하고 변경 이력을 블록체인 기술을 이용해서 기록하고 관리하는 시스템이다. 그리고 메디블록은 여러 의료기관에 분산된 환자의 의료정보를 통합하여 관리하고 유통도 할 수 있는 블록체인을 만들었으며, 암호화폐인 메디토큰(MediToken, MED)을 발행하여 연관된 기관에서 의료비, 약제비, 보험료 등의 지불에 쓸 수 있도록 할 계획이라고 한다. 써트온(CERTON)은 포씨게이트(4Cgate) 및 LG유플러스와 함께 의료제증명 서비스의 개념 검증을 시작했다고 2017년에 밝혔다. 이 기업들은 블록체인 기술을 이용해서 문서 이력 관리를 함으로써 의료제증명 서비스를 할 계획이다. 이외에도 환자 치료 정보를 공유하기 위한 블록체인 플랫폼 '메드렉(MedRec)', 환자의 게놈 데이터를 저장하고 유통하기 위한 '쇼봄', 개인의 유전체 분석 결과 서비스를 제공하고 이 데이터를 제약사 등에 제공하는 '마이게놈박스' 등이 있다.

미래에는 이 기술이 다양한 산업에서 혁신적 변화를 가져올 것이다. 세계경제포럼은 2025년까지 전 세계 총생산량의 10퍼센트 정도가 블록체인 기반 기술로 발생할 것이라고 전망했다. 그리고 앞으로 전 세계 은행의 80퍼센트가 블록체인 기술을 도입할 것이라는 전망도 있다.

머지않은 미래에 우리 생활 전반에 블록체인 기술이 이용되면서 큰 변화와 혁신을 일으킬 것이다. 이에 따라 좀 더 신뢰할 수 있고 편리하며 효율적인 서비스가 제공될 것이다.

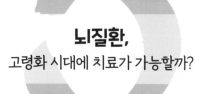

뇌질환,
고령화 시대에 치료가 가능할까?

이런 약이 있으면 좋겠다. 알약 하나 먹으면 머릿속에서 뇌세포가 마구마구 생겨나서 더 똑똑해지도록 만들어 주는 약 말이다. 그럼 골치 아픈 공부하느라 힘들어하지 않아도 되고 뭐든지 쉽게 풀어 버릴 텐데. 그러나 현실에선 이런 약이 존재하지 않으므로 영화에서 머리가 좋아지는 약에 대한 흥미진진한 장면들을 보여 준다. 반대로 나이 들어 늙어감에 따라 차츰 뇌세포가 하나둘 죽어서 사라진다. 그런데 자연스러운 노화 과정을 넘어서 알츠하이머병이나 파킨슨병이 생기면 울창한 숲을 이루고 있던 산에 불이 나서 나무들이 타죽는 것처럼 뇌세포가 한꺼번에 많이 죽어 없어진다. 이렇게 되면 인지와 학습 기능뿐만 아니라 손과 발을 움직이는 운동 기능에도 문제가 생긴다.

지금까지 알츠하이머병이나 뇌졸중 또는 파킨슨병 등과 같은 뇌질환을 제대로 치료할 방법이 없어서 그저 조금이라도 뇌세포가 죽는 것을

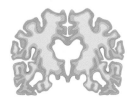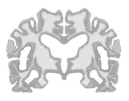

건강한 뇌(왼쪽)와 알츠하이머병 환자의 뇌의 중기 단계(중간), 말기 단계 뇌(오른쪽)

막아 보려고 안간힘을 써오고 있다. 그러나 뇌에서 새로운 신경세포를 만드는 약이 개발된다면 뇌질환으로 죽은 뇌세포를 대신할 수 있어 제대로 치료할 수 있을 것이다.

이제 우주만큼이나 신비롭다는 뇌 속을 탐험할 것이다. 과학이 많이 발달했음에도 여전히 많은 부분이 베일에 싸여 있는 인간의 뇌. 그 속에서 과학자들이 치매를 치료할 수 있는 실마리를 최근에 찾았다는데 그것이 무엇일까? 이제 그 놀라운 실마리를 찾아 뇌 속으로 들어가 보자.

뇌에도 줄기세포가 있을까?

줄기세포라는 단어가 조금 낯설 수 있지만 언제나 우리 안에 있다. 넘어져 무릎이 까이고 피가 날 때가 있다. 상처 난 무릎에 소독약을 바르고 며칠 지나면 손상된 피부가 재생되어 낫는다. 이렇게 손상된 피부조직이 자연스럽게 원래 상태로 복구되는 것은 피부 밑에 줄기세포가 있기 때문이다. 줄기세포가 새로운 조직 세포를 만들어서 피부의 손상을 복구한다. 이처럼 뇌에도 줄기세포가 있어서 뇌세포가 많이 죽는 뇌질환에 걸리더라도 새로운 뇌세포를 만들어 낼 수 있으면 얼마나 좋을까? 뇌에도 줄기세포가 있을까?

30년 전 동물의 뇌에서 뇌세포가 새로 만들어지는 놀라운 모습이 관찰되었다. 미국 록펠러대학의 페르난도 노테봄 연구팀은 1970년대부터 카나리아를 연구했다. 새들이 노래하는 소리가 계절에 따라 달라지고 변하는 것을 연구하던 중 새의 뇌에서 놀라운 변화가 일어나는 것을 발견했다. 그 당시까지 뇌세포는 어린 시절에 만들어지고 다 자란 후에는 새로 생기지 않는다고 알려져 있었다. 그런데 이를 뒤집을 수도 있는 사건이 발생한 것이다. 노테봄 연구팀이 다 자란 카나리아의 뇌에서 신경세포가 새로 만들어지는 것을 발견하여 1980년대 여러 편의 논문으로 발표했다.

이 연구 결과는 많은 과학자를 놀라게 했고 그들이 다른 동물을 대상으로 뇌의 신경세포가 다시 생겨날 수 있는지를 연구하게끔 호기심을 불러일으켰다. 또 사람의 뇌에서도 새로운 신경세포가 만들어질 수 있는지에 관한 관심도 부쩍 커졌다. 드디어 1988년 미국 솔크연구소(Salk Institute)의 프레드 게이지 연구팀이 사람의 뇌에서 신경 줄기세포가 신경세포를 새로 만든다는 연구 결과를 발표했다.

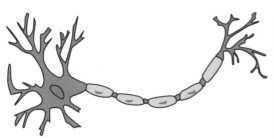

뇌 신경세포(왼쪽)와 신경세포 연결망(오른쪽)

이러한 발견을 이루었지만 과학자들은 반신반의하며 좀 더 확실한 증거를 찾기 위한 연구를 이어갔다. 특히 최근에 신경과학자들은 성인이나 노인의 뇌에서 신경 줄기세포가 새로운 신경세포를 만들 수 있는지에 대해 열띤 논쟁을 벌였다. 그러니까 어린 시절에만 뇌에서 줄기세포가 새로운 신경세포를 많이 만든다고 주장하는 과학자들과 성인이 되어서도 뇌에서 줄기세포가 새로운 신경세포를 만든다고 주장하는 과학자들이 첨예하게 격돌했다. 과연 어느 쪽의 주장이 사실로 밝혀질까? 이제 과학자들이 이러한 주장을 하는 근거가 무엇인지 하나씩 살펴보자.

뇌세포, 여느 세포와 뭐가 다를까?

본격적으로 뇌의 줄기세포와 신경세포에 대해 알아보기 전에 뇌세포가 여느 세포와 어떻게 다른지 보자.

몸속에 있지만 가장 알지 못하는 장기가 바로 뇌다. 경험하고 배운 것을 기억하고 무언가를 판단하며 자신이 살아 있음을 자각하도록 해주는 뇌. 그러나 사실 따지고 보면 뇌도 살아 있는 세포 하나하나가 모여서 만들어진 장기다.

생물학적 관점에서 보면 뇌세포는 여느 세포와 몇 가지 점에서 다르다. 머릿속의 뇌세포는 신경세포와 신경아교세포로 구분된다. 신경세포는 뉴런(neuron)이라고도 한다. 뉴런은 각종 정보를 전달하고 저장하며 행동을 통제하는 기능을 담당한다. 한 사람의 뇌에는 1조 개 정도의 신경세포가 있다. 신경세포 하나의 크기는 신경세포의 몸체에 해당하는 세포체의 지름이 0.01~0.025밀리미터 정도로 작다. 신경아교세포는 신경세포 주변에 있으면서 신경세포를 보호하며 영양분과 산소를 신경세포로 공급한다. 또 정보를 전달하는 과정에서 신경세포가 절연되어야 하는데, 신경아교세포가 이 역할을 한다. 쉽게 말하면 휴대폰을 충전하기 위해서 충전기를 전기 플러그에 꽂으면 전선을 타고 전기가 휴대폰으로 들어와 충전된다. 이때 사용하는 충전기 전선 안에는 전기가 잘 통하는 금속선으로 되어 있지만 그 금속선 밖에는 전기가 통하지 않는 고무 재질로 감싸서 절연되어 있다. 만약 전기를 절연하는 고무가 없다면 금속선들이 서로 닿거나 다른 물체에 닿아서 전기가 다른 곳으로 흘러버릴 것이다. 이처럼 전선을 감싸고 있는 고무처럼 신경아교세포가 신경세포를 감싸고 절연해 줌으로써 각각의 신경세포가 신호를 잘 전달할 수 있다.

신경세포의 생김새는 두 팔을 하늘로 뻗어 만세를 외치는 사람의 모양과 닮아 있다. 그러니까 신경세포는 세포의 몸통에 해당하는 신경세포체와 뻗은 팔처럼 생긴 가지돌기 및 다리처럼 생긴 축삭돌기로 구성되어 있다. 신경세포체에는 세포핵과 소기관들이 있다. 길게 뻗은 가지돌기는 다른 신경세포의 축삭돌기와 연결되어 정보를 받아들이는 기능을 한다. 특히 가지돌기는 많은 가지를 뻗은 나뭇가지처럼 생겨 여러 군데에서 오는 정보를 동시에 받아들일 수 있다. 그리고 축삭돌기는 신경의 전기적 신호가 이동하는 통로로 다른 신경세포의 가지돌기로 신호를 전달한다.

가끔 우리는 눈 깜짝할 새처럼 반사적으로 움직인다. 만약 옆에 서 있는 사람이 실수로 물건을 떨어뜨리면 순식간에 발을 뒤로 빼서 발등에 물건이 떨어져 다치는 것을 막는다. 이외에도 뒤에서 달려오는 자동차 소리처럼 위험한 소리를 들었을 때에도 순식간에 몸을 움직여 피한다.

이러한 상황을 가만히 보면 우리 몸의 신경세포가 얼마나 빨리 신호를 전달하는지 알 수 있다.

이렇게 빨리 신호가 전달될 수 있는 비결은 바로 신경세포가 신호를 전달하는 방식으로 전기적 신호 전달 방식을 사용하기 때문이다. 만약 속도가 느린 다른 신호 전달 방식을 사용한다면 신호 전달과 행동이 너무 느려서 위험한 상황을 피하기 어렵다. 신경세포의 안과

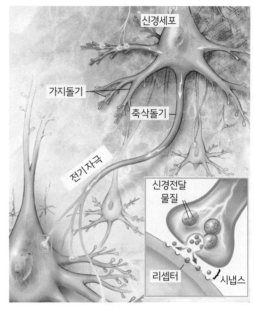

뇌 신경세포의 신호 전달 과정

밖에는 음전하와 양전하가 많이 있는데 바로 이 음전하와 양전하를 전기적 신호 전달에 이용한다. 이렇게 신경세포에서 양전하와 음전하를 이용한 전기적 신호가 신경세포의 축삭돌기 끝까지 이동하면 그 끝에서 바로 옆에 있는 다른 신경세포로 신호를 전달하기 위해 특정한 화학물질을 내보낸다. 그 화학물질이 바로 아세틸콜린 같은 신경전달물질이다. 이처럼 신경세포는 얼핏 보면 단순한 것 같지만 그 속을 들여다보면 무척 신기하고 놀랍다.

잠든 뇌의 신경 줄기세포를 깨울 수 있을까?

몇십 년 전 동물의 뇌에 줄기세포가 있다는 것이 밝혀진 이래로 사람

의 뇌에도, 특히 성인의 뇌에도 줄기세포가 있는지에 대한 관심이 커졌다. 뇌신경학자들의 연구가 이어지면서 드디어 성인의 뇌에도 줄기세포가 있다는 것이 밝혀졌다. 그런데 어린 시절에는 뇌의 줄기세포가 새로운 신경세포를 많이 만들어 내지만, 성장기가 끝나고 성인이 되면 뇌에 있는 줄기세포가 더 이상 일을 하지 않는 것으로 드러났다.

참 안타까운 일이다. 잠자는 숲속의 공주처럼 조용히 잠에 빠진 뇌의 줄기세포. 만약 잠들어 있는 뇌의 줄기세포를 깨워서 일하게 한다면 새로운 신경세포를 많이 만들 수 있지 않을까? 이제 이 일에 도전한 과학자들을 만나 보자.

조용히 잠들어 있는 신경 뇌의 줄기세포를 깨워서 새로운 신경세포를 만들게 한다면 알츠하이머병과 파킨슨병 같은 뇌질환을 치료할 수 있을지도 모른다. 2019년 일본의 교토대학 료이치로 가게야마 연구팀은 잠든 신경 줄기세포를 깨울 수 있는 유전자를 발견했다고 발표했다. 이 연구팀은 'Hes1(Hairy and enhancer of split -1)'과 'Ascl1(Achaete -scute homolog 1)' 유전자가 신경 줄기세포의 활성화에 관련되어 있다는 단서를 발견했다. 성인의 뇌에서는 신경 줄기세포가 조용히 잠든 상태, 즉 비활성화된 상태로 있다. 그런데 이 연구팀은 Hes1과 Ascl1 유전자의 발현을 조절하면 신경 줄기세포를 비활성화할 수도 있고 활성화할 수도 있다는 사실을 알아냈다.

그들은 쥐를 이용한 실험에서 어른 쥐의 뇌세포에서 Hes1 유전자가 강하게 발현되는 것을 발견했다. 이 때문에 Ascl1 유전자 발현이 억제되고 있었다. 이것이 바로 어른 쥐의 뇌에서 신경 줄기세포를 조용히 잠들어 있게 한 원인이었다. 마치 시동이 걸린 자동차의 브레이크를 발로 밟

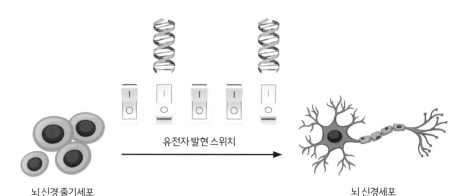

뇌 신경 줄기세포　　　　　　　　　　　　　　　　뇌 신경세포

유전자 발현 스위치

뇌 신경 줄기세포가 신경세포를 만드는 과정

고 있어서 자동차가 앞으로 가지 못하는 것과 같았다. 그들은 유전자를 조작해서 Hes1 유전자가 발현되지 못하게 했다. 그랬더니 Ascl1 유전자 발현이 증가하여 대부분의 신경 줄기세포가 활성화되었다. 이렇게 해서 뇌에 잠들어 있던 신경 줄기세포를 깨워서 일하게 했으며 새로운 신경 세포를 만드는 데 성공했다.

　뇌에서 잠든 신경 줄기세포를 깨운 다른 연구팀도 있다. 2019년 영국의 플리머스대학 클라우디아 바로스 연구팀은 '스트리팍(STRIPAK)'이라는 복합체가 뇌에서 신경 줄기세포를 깨워서 새로운 신경세포를 만든다는 것을 발견하여 발표했다. 이 연구팀은 초파리를 이용해서 실험했는데 스트리팍 복합체가 마치 전등을 켜는 스위치처럼 작동해서 잠들어 있는 신경 줄기세포를 다시 활성화해서 깨웠다.

성인이나 노인의 뇌세포도 새로 생겨날까?

판을 뒤집는 일이 가끔 일어난다. 지금까지 뇌세포는 어릴 때 많이 생겨나고 성인이 되면 더 이상 새로 생겨나지 않는다고 알고 있었다. 심지어 나이가 들어 늙으면 뇌세포가 죽어서 기억력이 떨어진다고 알고 있었다. 그런데 최근 성인의 뇌에서 신경세포가 새로 생겨난다는 연구 결과가 발표되어 신경과학자들 사이에서 사실인지에 대한 논쟁이 무척 뜨겁다. 그뿐만 아니라 서로 정반대의 결과를 얻어 논문으로 발표하는 연구팀들이 있는데 하나씩 살펴보자.

2018년 미국 컬럼비아대학의 마우라 볼드리니 교수팀은 성인의 뇌에서 새로운 뇌세포가 만들어진다는 연구 결과를 발표했다. 이 연구는 쥐와 같은 동물을 대상으로 한 것이 아니다. 진짜 사람의 뇌를 조사해서 얻은 결과였다. 그렇다고 산 사람의 뇌를 조사할 수는 없어 갑자기 사망한 14세에서 79세에 이르는 28명의 해마 부위를 조사했다. 놀랍게도 청년과 노인 뇌의 해마 부위에서 새로운 신경세포로 분화하는 중간 단계에 있는 신경 전구세포와 미성숙 신경세포를 발견했다. 더욱 놀랍게도 노인의 뇌 해마 부위에서도 새로 생긴 신경세포를 발견했다. 따라서 이 연구팀은 성인의 뇌에서 새로운 뇌세포가 만들어진다는 결론을 내렸다.

이와 정반대되는 연구 결과도 있다. 2018년 미국 샌프란시스코 캘리포니아대학의 아르투로 알바레스부이야 교수팀은 사람의 뇌를 연구한 결과를 발표했다. 이 연구팀은 태아부터 77세 노인까지 총 59명의 해마를 조사했다. 뇌의 해마에서 새로 생긴 신경세포는 태아와 갓난아기의 뇌에서 많이 발견되었지만 18세 이상 성인이나 노인의 뇌에서는 전혀 발견되지 않았다. 따라서 이 연구팀은 18세 이상 성인과 노인의 뇌에서는 신경세포가 새로 만들어지지 않는다는 결론을 내렸다.

이처럼 성인의 뇌에서 새로운 신경세포가 만들어지는지에 관한 반론에 반론이 제기되어 격렬한 논쟁과 연구로 이어지고 있다. 과학적으로 아주 중요하고 힘든 문제를 풀기 위해 과학자들은 때로 상반된 주장으로 첨예하게 대립한다. 물론 논문으로. 이제 이러한 논쟁에 마침표를 찍을지도 모르는 다른 연구팀의 논문을 들여다보자.

2019년 에스파냐의 세베로 오초아 분자생물센터 마리아 로렌츠-마틴 연구팀은 다음과 같은 연구 결과를 발표했다. 이 연구팀은 43세에서 87세에 이르는 사망한 13명의 성인 뇌 조직을 기증받아 연구했다. 이 연구팀은 중년에서 노년의 성인 뇌 조직에서 신경세포가 새로 만들어지는 것을 발견했으며 심지어 68세 노인의 뇌 조직에서 생겨난 지 얼마 되지 않은 신생 신경세포를 발견했다. 또 나이가 가장 적은 43세 성인의 뇌를 현미경으로 관찰하자 뇌 조직의 1제곱밀리미터당 4만 2000개 정도의 미성숙 신경세포가 있는 것을 발견했다. 새로 생겨난 신경세포의 숫자는 나이가 많아지면서 30퍼센트 정도 감소한다는 것도 관찰되었다.

그렇다면 앞서 살펴본 알바레스부이야 교수팀의 발표(성인의 뇌에서 신경세포가 새로 만들어지지 않는다)는 어떻게 된 것일까? 이에 대해 로렌츠-마틴 박사는 연구에 사용하는 뇌 조직을 파라포름알데히드 같은 약품에 담가 오랫동안 보관하면 뇌 조직이 손상되어서 신생 신경세포를 관찰하기 어렵다고 말하며, 자신의 연구팀은 뇌 조직을 24시간 정도로 짧은 시간 동안만 약품에 담가서 고정화 처리를 한 후 바로 관찰해 좋은 연구 결과를 얻었다고 설명했다.

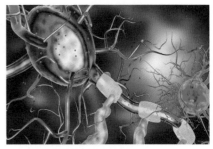

새로운 뇌세포가 생겨난 노인의 뇌

당뇨병 약이 뇌졸중을 치료할까?

당뇨병 약이 뇌졸중 치료에 효과가 있을지도 모른다는 연구 결과가 나왔다. 2019년 캐나다 토론토대학의 신디 모르쉐드 연구팀은 당뇨병 약인 메트포르민이 손상된 쥐의 뇌를 복구했다는 연구 결과를 발표했다. 당뇨병 약이 어떻게 뇌졸중 치료에 쓸 수 있느냐고 의아한 생각이 들 수 있다. 간혹 다른 질병에도 치료 효과가 있는 약이 있다. 그러니까 하나의 약이 꼭 하나의 질병만 치료하는 것이 아니라 전혀 다른 질병 치료에도 효과를 보이는 경우가 있다. 이 연구팀은 당뇨병 약인 메트포르민이 어른 쥐의 뇌 복구를 촉진하여 인지기능이 좋아지게 한다는 것을 발견했다.

연구원들은 뇌졸중에 걸린 쥐에게 매일 메트포르민을 먹이면서 퍼즐 박스 테스트를 했다. 사람이라면 약을 먹고 난 후에 좋아졌는지 물어보면 되지만 쥐는 말을 하지 못한다. 그래서 실험 쥐의 학습과 기억력이 좋아지는지를 알아보기 위해 퍼즐 박스 테스트를 한 것이다. 그랬더니 메트포르민이 뇌에서 신경 줄기세포를 활성화해서 인지기능이 향상되었다는 결과가 나왔다.

그런데 신기하게도 오직 암컷 쥐에게만 좋은 결과가 있었다. 연구원들이 좀 더 신중하게 조사했더니 여성 호르몬인 에스트라디올이 뇌 복구 과정에서 중요한 역할을 하고 있었다. 이에 반해 남성 호르몬인 테스토스테론은 뇌 복구 과정을 방해한다는 것도 발견했다. 따라서 메트포르민이 뇌를 복구하는 좋은 결과가 오직 암컷 쥐에게서만 나타났다.

이 연구는 뇌졸중에 걸린 쥐를 대상으로 진행되었다. 이후 사람에게 효과가 있을지에 관한 연구가 진행될 예정인데, 이때 사람에게도 효과가 있는 것으로 밝혀지더라도 오직 여성에게만 효과가 있고 남성에게는 효과가 없을 가능성이 크다. 그럼 남성 뇌졸중 환자는 어떻게 치료해야 할까? 이제 남녀 구분 없이 뇌를 복구할 가능성을 보여 주는 다른 연구 결과도 살펴보자.

뇌 신경세포를 새로 만드는 약이 있을까?

최근 뇌의 신경세포가 새로 만들어지도록 하는 약물 칵테일(두 가지 이상의 약물 조합)을 개발한 과학자들이 등장했다. 바로 미국의 펜실베이니아 주립대학의 공 첸 교수팀으로, 2019년에 발표한 연구 결과가 주목받고 있다. 이 연구팀은 쥐를 이용한 실험에서 뇌에 있는 신경아교세포를 신경세포로 바꾸는 약물 칵테일을 개발했다. 신경아교세포는 신경세포 주위에 있으면서 신경세포를 보호하는 역할을 한다.

연구팀은 뇌의 신경아교세포를 신경세포로 바꿀 가능성이 있는 수백 개의 분자 조합을 시험했다. 드디어 9개 분자 조합으로 이뤄진 약물을 이용해서 신경아교세포를 신경세포로 바꾸는 것에 성공했다. 이후 연구팀은 신경아교세포를 신경세포로 바꿔주는 4개의 분자 조합으로 이뤄진 약물도 개발했다. 이 4개의 분자 조합으로 이뤄진 약물 칵테일은 뇌의 신경아교세포를 신경세포로 바꾸는 것을 최대 70퍼센트까지 해냈다.

실험쥐(왼쪽)의 뇌(가운데)와 쥐의 뇌에 있는 신경아교세포(오른쪽)

4개 분자 조합 약물 칵테일을 어른 쥐에 주입했을 때 뇌의 해마 부위에서 새로운 뇌세포가 많이 만들어지는 것이 관찰되었다. 이렇게 새로 만들어진 신경세포들이 연결망을 형성하고 다른 신경세포들과 전기적인 신호와 화학적인 신호를 주고받는 것도 확인했다.

물고기에서 뇌질환 단서를 찾았다?

알츠하이머병과 파킨슨병의 치료법을 개발하기 위해 제브라피시 물고기를 열심히 들여다보는 과학자들이 있다. 사람의 뇌질환을 치료하기 위해서 물고기의 뇌를 연구하다니, 이상하다고 생각할 수 있다. 그러나 그럴만한 이유가 있다. 사람은 뇌세포가 손상되었을 때 제대로 복구하지 못하지만, 제브라피시는 뇌의 손상된 신경세포를 바로 복구하는 놀라운 재생능력을 지니고 있다. 그래서 제브라피시가 뇌 손상을 어떻게 빨리 복구할 수 있는지 그 비밀을 알아낸다면 사람의 뇌 손상을 복구하는 치료법 개발에도 이용할 수 있다.

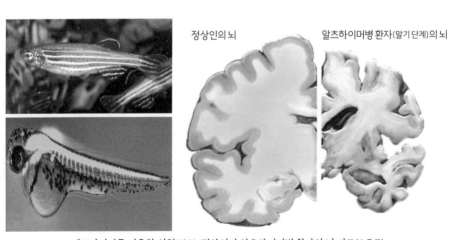

정상인의 뇌   알츠하이머병 환자(말기 단계)의 뇌

제브라피시를 이용한 실험(왼쪽), 정상인과 알츠하이머병 환자의 뇌 비교(오른쪽)

2019년 독일 신경퇴행성질환센터(Deutsches Zentrum für Neurodegenerative Erkrankungen, DZNE)의 카겐 키질 연구팀은 알츠하이머병의 새로운 치료법 단서를 제브라피시에서 찾았다고 발표했다. 연구팀은 제브라피시의 뇌에서 신경세포가 다시 재생되는 과정을 조사하면서 8개의 소단위로 구성된 전구세포가 새로운 신경세포를 어떻게 만드는지와 세포 간의 상호작용이 어떻게 일어나는지를 밝혀냈다.

또 2019년 영국 에든버러대학의 토마스 베커 연구팀은 제브라피시의 뇌에서 도파민을 만드는 신경세포가 새로 만들어지는 것을 발견하여 발표했다. 이 연구 결과는 파킨슨병 환자를 치료하는 기술 개발에 이용될 수 있다.

뇌졸중을 유전자 치료법으로 치료할 수 있을까?

뇌졸중이 발생하면 골든타임인 3~6시간 이내에 환자를 병원으로 이송하여 치료해야 한다. 만약 이를 넘겨 치료가 늦어지면 환자는 회복 불가능한 신경 손상을 입어 영구적인 장애를 가지고 살게 된다. 인간의 뇌에는 860억 개 정도의 신경세포가 있는데, 뇌졸중이 생기면 수십억 개의 신경세포가 죽는다. 이처럼 많은 신경세포가 죽으면 뇌 손상을 복구할 수 없다. 뇌졸중을 치료할 수 있는 가장 좋은 치료법은 죽은 신경세포를 대신할 새 신경세포가 뇌에서 많이 생겨나게 하는 것이다.

최근 손상된 뇌에서 새 신경세포가 생겨나도록 한 과학자가 등장했다. 2019년 미국 펜실베이니아 주립대학의 공 첸 교수팀은 뇌졸중 후 기능을 회복시켜 주는 유전자 치료 기술을 개발하여 발표했다. 연구팀은 뇌의 손상된 신경세포를 복구하기 위해서 신경아교세포를 신경세포로 바꿀 방법을 찾아 연구에 매진했는데, 드디어 '뉴로(Neuro)D1' 유전자를 이용한 유전자 치료법을 개발하여 신경아교세포를 신경세포로 바꾸는 데 성공했다.

뇌졸중으로 뇌가 손상된 쥐에게 뉴로D1 유전자 치료를 진행했는데, 쥐의 뇌에서 신경아교세포가 신경세포로 바뀌었고 이에 따라 쥐의 운동 기능이 향상되는 것이 관찰되었다. 이 유전자 치료법으로 새로 만들어진 신경세포들은 기존의 신경세포들과 성질이 비슷할 뿐만 아니라 다른 신경세포들과 시냅스 네트워크 형성을 잘한다는 것도 확인했다. 새로운 신경세포를 생겨나게 해서 뇌졸중을 치료하는 약을 개발하는 데 이 연구 결과가 활용될 수 있다.

지금까지 알츠하이머병, 파킨슨병, 뇌졸중 등과 같은 뇌질환은 치료될 수 없는 것으로 여겨졌다. 그러나 최근에 뇌에서 잠들어 있던 신경 줄기세포를 깨워 새로운 신경세포를 만든 연구 결과와 유전자 치료법으로 새로운 신경세포를 만든 연구 결과 등, 앞에서 살펴본 최신 연구 결과들이 뇌질환을 치료하기 위한 약을 개발하는 데 활용될 수 있다. 쥐와 같은 동물을 대상으로 하여 뇌 신경세포가 새로 만들어지는 좋은 결과를 얻었지만, 앞으로 좀 더 연구가 진행되면 사람에게도 효과가 입증되는 뇌질환 치료법이 개발될 것이다. 따라서 치매나 뇌졸중 같은 뇌질환 치료법이 머지않아 개발될 것이라는 희망을 품어 볼 수 있게 되었다.

2부

환경 위기

지구온난화와
기후 위기 해법

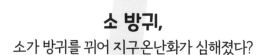

소 방귀,

소가 방귀를 뀌어 지구온난화가 심해졌다?

'도~레미~도미~도~미~' 영화 〈사운드 오브 뮤직〉의 노래가 언덕 너머에서 들려올 것만 같은 스위스의 알프스는 참 아름답다. 가파른 알프스 산비탈을 걷다 보면 한가로이 풀을 뜯고 있는 소들을 볼 수 있다. 이러한 목가적인 풍경은 마치 한 폭의 그림처럼 아름답다. 그런데 요즘 소가 풀 뜯어 먹고 방귀 뀌고 트림하는 바람에 세계 곳곳이 난리다. 소가 방귀를 뀌어서 지구온난화가 심해졌다는 것인데 이 때문에 시민운동 단체에서 소고기를 먹지 말자는 캠페인을 벌이고, 심지어 세금을 매기는 나라도 늘어나고 있다.

깨끗한 풀만 먹고 사는 온순한 동물인 소가 방귀 좀 뀐다고 왜 이리 호들갑일까? 소가 방귀를 많이 뀌어서 냄새 좀 풍기는 것이라면 그냥 넘어갈 수 있다. 그러나 소가 지구온난화를 일으키는 온실가스를 방귀로 뿜어내고 있어서 문제다. 우리나라에서는 소 방귀 문제가 크게 쟁점화되지 않았지만, 유럽에서는 십여 년 전부터 골치 아픈 문제로 단체 간에 첨예하게 대립하고 있다.

우리는 이번 여행에서 그냥 웃어넘길 수 없는, 심각한 소 방귀 쟁점 속으로 들어갈 것이다. 유럽과 미국, 호주 같은 나라에서 어떤 일이 벌어지고 있는지 둘러보며 지구온난화와 소 방귀의 문제를 함께 생각해 볼 것이다. 그리고 소가 지독한 온실가스 방귀를 덜 뀌도록 하는 과학적인 해결책은 없는지 과학자들을 만나 물어보고 그 해법을 찾아볼 것이다.

소가 방귀를 뀌면 지구가 더워진다?

이 말을 처음 들었을 때 설마 했다. 그런데 소가 방귀를 뀔 때 지구온난화의 주범인 메탄을 많이 방출한다는 말을 듣고서 고개를 갸우뚱했다. 보통 지구온난화를 일으키는 온실가스라 하면 이산화탄소가 생각난다. 그러나 이외에 메탄이나 아산화질소 등이 있다. 메탄은 같은 양의 이산화탄소에 비해 대기 중의 열을 붙잡아 두는 온실효과가 21배 정도 강하다. 2021년 8월에 발표된 '기후변화에 관한 정부 간 협의체(Intergovernmental Panel on Climate Change, IPCC)'의 보고서에는 메탄을 중요 주제로 다루었는데, 메탄이 산업화 이후 지구 기온을 섭씨 0.5도가량 상승시켰다는 것이다. 이는 이산화탄소 기여분의 3분의 2 수준이다(지구 평균온도는 산업화 이전보다 섭씨 1.09도 상승했다).

비록 메탄이 강력한 온실가스라 하더라도 소 한 마리가 방귀를 뀌면 얼마나 뀔까 하는 생각이 든다면 소를 좀 더 자세히 볼 필요가 있다. 소 한 마리는 방귀와 트림으로 매일 160~320리터의 메탄을 방출한다. 일 년 동안 소 한 마리가 배출하는 메탄은 70~120킬로그램이나 된다. 이

것을 이산화탄소의 양으로 바꾸면 일 년 동안 3톤의 양을 방출하는 셈이다. 과학자들은 소 한 마리가 방출하는 온실가스량이 자동차 한 대가 방출하는 온실가스량과 비슷하다고 한다.

이렇게 강력한 온실가스인 메탄 방귀를 뀌는 소가 지구상에 무려 15억 마리나 살고 있어 날마다 어마어마한 양의 메탄을 방출하고 있다. 설상가상으로 메탄 방귀를 뀌는 동물은 소뿐만이 아니다. 풀을 먹고 되새김질을 하는 양, 염소, 사슴, 낙타, 기린 등 되새김동물은 모두 메탄 방귀를 뀐다. 지구상에는 이러한 되새김동물이 30억 마리나 살고 있다.

2006년 유엔식량농업기구(Food and Agriculture Organization, FAO)는 축산업을 기후변화의 최대 원인 중 하나라고 발표했다. 또 2013년 유엔은 하루에 배출하는 온실가스량 중에서 소와 염소 등 가축의 배출량이 14.5퍼센트나 된다고 발표했다. 그리고 미국 고다드 우주연구소(Goddard Institute for Space Studies, GISS)는 일 년 동안 소가 70~120킬로그램, 양이 8킬로그램, 돼지가 1.5킬로그램, 사람이 0.12킬로그램의 메탄을 배출한다고 발표했다. 이쯤 되면 소 방귀로 인한 지구온난화의 심각성을 그냥 두고 볼 수 없는 노릇이다.

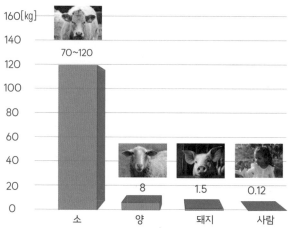

1년 동안 동물과 사람이 배출하는 메탄가스의 양(출처: 미국 고다드 우주연구소)

지구온난화를 일으키는 온실가스

기후변화 전문가들은 산업화 이전보다 지구의 온도가 섭씨 2도 이상 오르면 세계 기후가 돌이킬 수 없는 상황으로 변할 것이라고 경고한다. 이미 세계 곳곳에서 지구온난화로 인한 이상기후와 천재지변이 발생하고 있다는 뉴스를 자주 본다. 어느 나라에서는 홍수가 나고, 또 어느 나라에서는 오랜 가뭄이 지속되기도 한다. 또 어떤 지역은 폭염으로 인해 대형 산불이 발생하고, 높은 산의 빙하와 북극의 얼음이 녹고 있다. 이뿐만 아니라 해수면이 계속 상승하고 있어 몰디브의 섬들이 바닷물에 잠겨 나중에는 없어질 것이라는 말도 들려온다.

지구온난화로 인한 변화는 먼 나라뿐만 아니라 우리나라에서도 일어나고 있다. 가령 사과의 도시로 유명했던 대구에서 더 이상 사과나무를 찾아볼 수 없다거나, 예전에 겨울이면 꽁꽁 얼었던 고향 마을의 강과 호

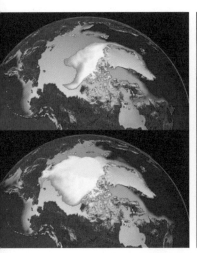 

지구온난화로 사라지고 있는 북극 바다의 얼음(왼쪽, 위는 2012년에 촬영한 사진, 아래는 1980년에 촬영한 사진)과 2020년에 발생한 호주의 대형 산불(오른쪽)

수가 요즘은 얼지 않는 것을 본다. 또 우리나라 인근 바다에서 명태가 사라지고 대신 열대 어류와 해파리가 증가하고 있다. 이처럼 날이 갈수록 점점 심각해지는 지구온난화의 주요 원인은 온실가스다.

온실가스란 지표면에서 우주로 나가는 적외선 복사열을 흡수·반사하여 지구 표면의 온도를 상승시키는 기체다. 우리가 비닐하우스 안에 들어가면 바깥보다 온도가 더 높아서 무척 덥다. 이는 비닐하우스를 덮고 있는 비닐이 햇빛이 안으로 들어가는 것은 허용하고, 내부의 더워진 열이 밖으로 빠져나가는 것은 막기 때문이다. 이것이 온실효과다. 바로 이산화탄소나 메탄 같은 온실가스가 비닐하우스의 비닐과 같은 역할을 한다. 눈에 보이지 않지만, 하늘 위 공기 중에서 온실가스가 얇은 비닐막처럼 작용해서 지구 표면에서 우주로 빠져나가야 할 열을 붙잡아 빠져나가지 못하게 한다. 이로 인해 지구가 계속 더워지고 있다.

지구 대기에 많은 온실가스는 이산화탄소(CO_2), 메탄(CH_4), 아산화질소(N_2O), 수소불화탄소(HFCs), 과불화탄소(PFCs), 육불화황(SF_6) 등이다. 이와 같은 6대 온실가스는 '교토의정서'에 규제 대상으로 명시되었는데, 그 발생 원인은 다음과 같다. 이산화탄소는 산림 벌채, 에너지 사용, 석탄이나 석유 같은 화석연료의 연소 등에서 발생한다. 메탄은 가축 사육, 습지, 논, 음식물 쓰레기, 쓰레기 더미 등에서 발생한다. 수소불화탄소는 에어컨 냉매, 스프레이 제품, 분사제 등에서 발생한다. 과불화탄소는 반도체 세정제 등에서 발생하며, 육불화황은 전기제품과 변압기 등의 절연체에서 발생한다. 그리고 아산화질소는 석탄, 폐기물 소각, 질소비료 등 화학비료의 사용 등으로 발생한다.

주요 온실가스가 지구온난화에 미치는 영향력은 가스의 종류에 따라

지구온난화를 일으키는 6대 온실가스

차이가 난다. 즉 지구온난화에 미치는 영향이 큰 가스가 있고 상대적으로 약한 가스가 있다는 뜻이다. '지구온난화지수(Global Warming Potential, GWP)'는 이산화탄소가 지구온난화에 미치는 영향을 기준으로 여러 온실가스가 지구온난화에 기여하는 정도를 수치로 나타낸 것이다. 기후 변화에 관한 정부 간 협의체(IPCC)에 따르면, 이산화탄소를 1로 볼 때 메탄 28, 아산화질소 265, 수소불화탄소 1,300, 과불화탄소 7,000, 육불화황 23,500 등이다. 따라서 온실가스를 살펴볼 때 배출되는 가스의 양과 함께 지구온난화지수도 따져 봐야 한다.

미국의 온실가스 배출 현황을 보자. 미국 환경보호국(Environmetal Protection Agency, EPA) 자료에 따르면, 2020년 미국의 온실가스 배출량은 이산화탄소의 양으로 환산했을 때 59억 8100만 톤 정도다. 이를 가스 종류별로 보면 이산화탄소 79퍼센트, 메탄 11퍼센트, 아산화질소 7퍼센트, 불화가스 3퍼센트 등이며, 미국에서 발생한 이산화탄소의 79퍼센트가 사람의 활동으로 생긴 것이다.

우리나라의 온실가스 배출 현황은 어떨까? 2018년 우리나라의 온실가스 배출량은 7억 2760만 톤 정도 된다. 이는 1990년에 비해 149퍼센트 증가했고 1989년보다 2.5퍼센트 증가한 수치다. 이를 가스 종류별로 보면 이산화탄소 91.4퍼센트, 메탄 3.8퍼센트, 이산화질소 2.0퍼센트, 수소불화탄소 1.3퍼센트, 육불화황 1.2퍼센트, 과불화탄소 0.4퍼센트였다. 그런데 2022년 우리나라의 온실가스 배출량이 6억 5450만 톤 정도로 감소했는데 이는 신재생에너지와 원전 발전 비중이 늘어나고 글로벌 수요 침체로 인한 철강과 석유화학 등에서 배출되는 온실가스가 감소했기 때문이다.

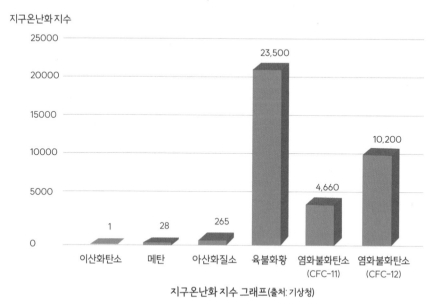

지구온난화 지수 그래프 (출처: 기상청)

육류 소비에 세금을!

'죄악세(Sin Tax)'는 술, 담배, 마약, 도박 등과 같이 국민 건강과 복지 증진에 악영향을 끼치는 특정 품목에 소비를 억제하기 위해 부과하는 세금이다. 그런데 최근 설탕과 탄산음료에 이어 육류에도 죄악세를 부과하려는 움직임이 일고 있다. 바로 육류세(Meat Tax)다. 이는 국민 건강과 환경 보존을 위해 소와 돼지 등 붉은색 육류에 부과하는 세금이다. 몇 년 전 독일, 스웨덴, 덴마크 등 유럽의 여러 나라가 진지하게 육류세 부과를 논의해서 큰 화젯거리가 되었다.

육류세가 과연 효과가 있을까? 시민운동가와 일부 과학자는 고기에 육류세를 부과해야 한다고 주장한다. 그 이유는 세금을 부과하면 자동으로 육류 가격이 올라가서 소비가 줄어들기 때문이라는 것이다. 이렇게 육류 소비가 감소하면 소와 돼지 등의 고기를 얻기 위한 과정에서의 온실가스 발생량을 줄일 수 있다. 또 육류 섭취를 줄이고 과일과 채소를 더 많이 섭취하면 건강에도 이롭다고 말한다. 따라서 육류에 부과하는 세금은 더 많이 올리고, 과일과 채소에 대한 세금은 더 낮춰야 한다는 주장이다.

그러나 이와 반대로 육류세는 효과가 없다는 주장도 있다. 육류 소비를 줄이고 환경을 보호하기 위해 육류세를 매기면 일시적으로 육류 가격이 올라가 소비가 줄어들 수 있지만 조금 더 지나면 육류 소비는 여전히 많아질 것이고 다만 세금만

유럽의 여러 나라가 소고기 등에 육류세를 부과하려고 한다.

더 많이 내는 결과가 발생할 것이라는 주장이다. 이처럼 몇 년 전부터 육류세를 둘러싸고 찬성과 반대의 주장이 팽팽하게 맞서는 가운데 육류세의 효과에 관해 연구한 논문이 발표되어 주목을 끌었다.

2020년 네덜란드 국립공중보건환경연구소(Rijksinstituut voor Volksgezondheid en Milieuhygiëne, RIVM)의 엘리자베스 템마 연구팀은 네덜란드에서 육류세가 사회적 비용 이익이 있는지를 연구하여 그 결과를 발표했다. 이 연구팀은 네덜란드에서 30년 동안 붉은색 육류를 대상으로 15~30퍼센트의 육류세와 과일과 채소를 대상으로 10퍼센트의 보조금을 시행하면 효과가 어떠할지를 연구했다. 이 연구팀은 30년 동안 육류에 15~30퍼센트의 세금을 매기고 과일과 채소에 10퍼센트 보조금을 줄 경우 국민의 건강과 관련된 비용이 감소하고 삶의 질이 좋아져 좀 더 높은 생산성을 보였다는 연구 결과를 얻었다.

육류세의 환경적 이익을 돈으로 환산하면, 육류세가 15퍼센트일 경우에는 4.5조 원 정도이고 30퍼센트일 경우에는 8.3조 원 정도라고 설명했다. 그리고 과일과 채소에 10퍼센트 보조금을 지급하는 것에 따른 환경적 부담을 돈으로 환산하면 1300억 원 정도라고 덧붙였다. 따라서 육류세를 도입함으로써 환경과 건강뿐만 아니라 경제적으로도 이익이라는 것이 이 연구의 결론이었다.

대부분의 서유럽 사람들은 매년 80~90킬로그램 정도의 육류를 소비하는데, 이는 르완다나 에티오피아 같은 저개발국가보다 10배나 많은 육류 소비량이다. 그래서 유럽의 나라들이 육류세를 부과하는 것에 더욱 관심이 많다.

환경과 건강을 위해 세금을 부과하는 죄악세로서 담배에 세금을 매기는 나라는 180개국이 넘고, 설탕에 대해 세금의 부과하는 나라도 25개국이 넘는다. 2011년 에스파냐는 육류에 부과하는 관세를 8퍼센트에서 10퍼센트로 올렸고 과일과 채소에 부과하는 관세를 4퍼센트로 낮췄다. 그리고 2021년 네덜란드는 유럽연합(EU) 중 국가 차원에서 육류세를 부과하는 첫 나라가 되었다.

최근 덴마크, 독일, 스웨덴 등에서 육류세 도입이 진행되고 있으며, 미국에서도 육류세 도입을 촉구하는 목소리가 커지고 있다. 덴마크 정부 산하의 덴마크윤리위원회는 2017년 육류세 제안서를 정부에 제출하면서 다음과 같이 그 이유를 설명했다. 소수의 윤리적인 소비자에게만 의존할 수 없으며 덴마크인이 식습관을 바꿔야 할 의무가 있다는 것이다. 또 기후변화 유발 식품에 효과적으로 대처하기 위해서 규제할 필요가 있다는 설명도 덧붙였다. 덴마크는 2023년 이산화탄소에 세금을 매기는 것도 추진하고 있다. 미국에서도 육류세에 관심이 높아지고 있다. 육류 소비를 줄이기 위해서 지금보다 추가로 육류에 세금을 10퍼센트 더 올리는 것에 대해 미국인의 3분의 1 이상이 동의한다는 조사 결과가 2022년 3월에 발표되었다.

왜 하필 붉은색 육류에 세금을 더 부과하려고 할까? 그럴만한 이유가 있다. 미국 워싱턴 DC의 환경워킹그룹(EWG)에 따르면, 1킬로그램의 육류 소비로 발생하는 온실가스를 이산화탄소의 양으로 환산할 때 양은 39.2킬로그램, 소는 27킬로그램, 돼지는 12.1킬로그램, 닭은 6.9킬로그램이다. 양과 소의 육류 소비는 닭고기 등의 소비보다 온실가스 배출량이 훨씬 많다. 전체적인 육류 소비를 줄여야겠지만 특히 환경에 해로운 붉은색 육류에 세금을 매겨서 소비를 줄이려는 것이다.

방귀세를 매기는 나라들

지구촌의 여러 나라가 지구온난화 문제를 해결하기 위해 서로 머리를 맞대고 논의하여 온실가스 배출을 함께 줄여 나가기로 합의했다. 이렇게 해서 1997년 '교토의정서'가 채택되었고 2005년에 발효되었다. 그러나 교토의정서는 강제성이 없는 권고 수준이었고 2020년에 만료되기 때문에 새로운 협정이 필요했다. 그래서 2015년 '파리협정'이 채택되어 2020년부터 새로운 기후 체제로 출범했다. 이처럼 파리협정까지 발효되자 나라마다 온실가스 배출 감소에 비상이 걸렸다. 그렇다고 소에게 풀을 적게 먹고 방귀를 적게 뀌라고 할 수도 없는 노릇이었다. 이때 소가 방귀 뀌는 것에 세금을 매기자는 기발한 발상이 제기되었다. 이렇게 해서 일명 '방귀세(Fart Tax)'라는 세금이 만들어졌고 실제로 방귀세를 부과하는 나라들이 생겨났다.

캘리포니아주는 미국에서 소 방귀와 관련한 법을 최초로 만들었다. 미국에서 가장 많은 소를 사육하는 캘리포니아주 정부가 소 방귀와 관련된 법안을 2016년에 입안하여 시행한 것이다. 새로 만들어진 법에 따라 캘리포니아의 농부들은 가축에서 발생하는 메탄을 2030년까지 2013년의 배출량 수준보다 40퍼센트 감축해야 한다. 또 이 법안은 메탄뿐만 아니라 에어로졸과 수소불화탄소 등 다양한 오염물질을 줄이는 것도 포함하고 있다. 이를 위해 주정부는 510억 원 정도의 자금을 투입하여 농부들이 자신의 가축이 방출한 메탄을 에너지로 전환하여 전기회사에 판매할 수 있도록 돕고 있다.

에스토니아는 나라 전체 메탄가스의 25퍼센트를 소가 배출하고 있다. 이에 따라 에스토니아는 2009년부터 소 사육 농가에 방귀세를 부과하고 있다. 뉴질랜드는 소와 같은 가축의 방귀와 트림에 세금을 매길 계획이라고 2022년에 발표했다. 낙농업 국가인 뉴질랜드는 인구 500만 명에 소가 1000만 마리, 양이 2600만 마리다. 이렇게 인구보다 많은 소와 양이 매일 온실가스인 메탄을 내뿜고 있다. 뉴질랜드가 방귀세를 매기려고 하는 것은 2050년까지 달성하고자 계획하는 탄소 중립과도 관련되어 있다.

2017년 미국 캘리포니아주는 농가에서 가축이 배출한 메탄을 포집하여 트럭 연료로 사용하기 위한 시범사업을 진행했다. 소 방귀에서 메탄을 모아 자동차 연료로 사용한다니 좀 우스꽝스럽다. 그러나 생각해 보면 가정에서 연료로 사용하는 도시가스의 주성분이 바로 메탄이다. 우리는 메탄을 이용해서 라면과 찌개를 끓이고 난방을 하는 것이다.

소 방귀의 주성분이 메탄이므로 그것을 모아서 정제하면 연료로 사용할 수 있는 메탄가스를 얻을 수 있다. 따라서 미래에는 소 방귀를 규제하기 위한 법을 만드는 것뿐만 아니라 소 방귀 속 메탄을 모아서 다양한 연료로 사용하기 위한 기술개발도 활발하게 진행되어 환경을 보호하고 새로운 연료도 얻는 일석이조가 될 것이다.

소 방귀(왼쪽)와 도시가스(오른쪽)의 주성분은 메탄가스다.
소 방귀에 대해 '방귀세'를 매기는 나라가 늘어나고 있다.

방귀는 뀌었지만 여전히 억울한 소

소가 말을 한다면 억울하다고 변호사를 선임해서 항소할 것 같다. 방귀와 트림은 참기 힘든 생리현상일 뿐만 아니라 소가 풀을 뜯어 먹고 소화하는 과정에서 필연적으로 발생하는 가스를 방출하는 것뿐이다. 소는 질긴 섬유질의 풀을 직접 소화하지 못한다. 그러나 소와 같은 되새김동물은 위가 4~5개로 나누어져 있어 풀을 소화시킬 수 있다. 소의 위 네 개 중에서 가장 큰 것이 되새김위인데, 어른 소의 되새김위에는 150~200리터의 음식물을 저장할 수 있다. 소가 풀을 뜯어 먹으면 바로 되새김위에 저장되고 이곳에서 메타노젠(Methanogens, 메탄생성세균)이 풀의 질긴 섬유소를 분해하여 소화가 잘되도록 돕는다. 바로 이 과정에서 메탄가스가 발생한다.

그러니까 소가 메탄가스를 만드는 것이 아니고 세균이 만드는 것이다. 그런데 하필 그 세균이 소의 위에서 메탄가스를 만들기 때문에 소는 어쩔 수 없이 방귀와 트림으로 그 가스를 방출한다. 이 때문에 방귀세를 내야 하지만 소 방귀에 매겨진 세금은 소가 아닌 농부가 낸다. 이처럼 방귀세를 둘러싼 복잡한 삼각관계가 형성되어 있다.

소 방귀 문제를 과학적으로 해결할 수는 없을까? 이제 소가 메탄가스 방귀를 덜 뀌도록 하기 위한 연구를 하는 과학자들을 만나 보자.

•해법 1_ 캥거루 위의 특별한 미생물로 해결하자?

소처럼 풀을 뜯어 먹으면서 메탄가스 방귀를 뀌지 않는 동물이 있다면 그 동물을 이용해서 문제를 해결할 수 있지 않을까 하는 아이디어를 과학자들이 생각해 냈다. 이때 그들의 눈에 들어온 동물이 있었으니 바로 캥거루다.

1970년대 캥거루가 방귀를 뀌지 않거나 아주 조금만 뀌는 것으로 알려져 관심을 끌었다. 캥거루는 풀을 뜯어 먹고 살지만, 위에 아케이아(archaea)라는 박테리아가 있어서 메탄가스 방귀를

캥거루와 캥거루의 위에 살고 있는 다양한 미생물

거의 뀌지 않는다는 것이다. 그래서 캥거루의 위에 사는 아케이아를 소의 위로 이식시키자는 묘안을 과학자들이 1980년대에 생각해 낸 것이다. 이후 본격적으로 캥거루도 풀을 먹고 사는데 왜 메탄가스 방귀를 뀌지 않는지 조사에 들어갔다. 캥거루 위에 무슨 특별한 것이 숨어 있는 것은 아닌지 조사한 것이다.

그러다 2015년 호주 울런공대학의 아담 문 연구팀과 스위스 취리히대학의 마커스 클루우스 연구팀이 함께 캥거루에 관해 연구한 결과를 발표했다. 그들은 밀폐된 방에서 캥거루가 마음껏 먹고 방귀를 뀌며 지내도록 했다. 그리고 연구원들은 캥거루가 방귀를 얼마나 뀌는지를 알아보기 위해 방 안의 가스 성분을 분석했다. 결과는 충격적이었다. 캥거루가 덩치가 비슷한 다른 동물들만큼이나 메탄가스 방귀를 많이 뀌는 것으로 드러났다.

그러니까 애초에 기적은 없었다. 1970년대와 1980년대 과학자들의 아

이디어는 그릇된 환상에 지나지 않았다는 것이 밝혀진 것이다. 캥거루는 소에 비해 메탄가스 방귀를 조금 적게 뀌기는 했지만 큰 차이가 없었다. 따라서 캥거루의 위에 사는 아주 특별한 미생물을 찾아서 소의 위에 이식해서 소가 메탄가스 방귀를 덜 뀌도록 하려는 시도는 물거품이 되고 말았다.

• 해법 2_ 소에게 바다의 해조류를 먹이면 될까?

풀을 뜯어 먹고 사는 소에게 바닷물 속에서 자라는 해조류를 먹여도 될까? 이런 황당한 이야기의 시작은 이렇다. 지금으로부터 20여 년 전 캐나다의 어느 농부가 자신이 기르는 소가 바닷가에서 해조류를 뜯어 먹는 것을 우연히 발견했다. 얼마 지나서 그 농부는 해조류 뜯어 먹기를 좋아하는 소가 다른 소들보다 훨씬 더 건강하다는 것을 알게 되었다.

이 이야기가 퍼지자 과학자들이 소에게 해조류를 먹이는 연구에 나섰다. 호주 국립과학원(CSIRO) 연구원들이 퀸즐랜드 연안에서 자라는 분홍색 해조류인 바다고리풀(*Asparagopsis taxiformis*)을 소에게 먹였고, 그 결과 소가 메탄가스 방귀를 훨씬 덜 뀐다는 것을 발견하여 2014년에 발표했다.

너무 신기한 일이다. 왜 그럴까? 여기에 어떤 과학적인 이유가 있을까? 이러한 궁금증을 가지고 호주의 제임스쿡대학 연구팀이 열심히 연구한 끝에 과학적 이유를 찾아내어 2016년에 발표했다. 바로 바다고리풀에 들어 있는 브로민(브롬, 불쾌한 자극성의 냄새와 휘발성이 강한 적갈색의 액체 원소) 형태의 할로겐 화합물이 소의 위에서 메탄가스가 만들어지는 작용을 억제하기 때문이라는 것이었다. 또 연구팀은 소의 사료에 바다고리풀을 2퍼센트만 첨가해서 먹여도 메탄가스가 만들어지는 것을 많이 억제한다는 것도 알아냈다.

이후 미국 캘리포니아대학 데이비스캠퍼스의 엘미아스 켑레압 교수팀이 12마리의 소를 대상으로 바다고리풀을 섞은 사료를 먹이는 실험을 진행했다. 다양한 비율로 바다고리풀을 사료에 섞어 먹이면서 소가 메탄가스 방귀를 얼마나 뀌는지 조사했다. 연구팀은 바다고리풀 1퍼센트만 사료에 섞어서 소에게 먹여도 메탄가스 발생을 50퍼센트까지 줄일 수 있다는 연구 결과를 발표했다. 또 호주의 선샤인코스트대학 니콜라스 폴 교수팀은 소에게 바다고리풀을 먹이면 메탄가스 배출을 최대 99퍼센트까지 감소시킬 수 있다는 연구 결과를 얻었다.

그런데 바다고리풀을 소에게 먹이면 부작용은 없을까? 아무리 좋은 것이라 해도 심각한 부작용을 일으킨다면 소에게 먹일 수 없다. 과학자들은 소에게 바다고리풀을 사료에 소량 섞어 먹이면서 어떤 부작용이 있는지도 유심히 관찰했다. 1~2퍼센트 정도의 바다고리풀이 섞인 사료를 먹여도 소는 소화를 잘 시켰고 젖소가 만드는 우유의 맛에 영향이 없다는 것도 확인했다.

이제 이렇게 좋은 해결책을 찾았으니 전 세계의 모든 소에게 바다고리풀을 먹이면 메탄가스 방귀 문제가 해결될 것 같다. 과학자들은 다음 단계의 연구에 진입했다. 비록 앞에서 설명한 것처럼 과학자들이 소에게 바다고리풀을 소량 먹여도 이상이 없다는 것을 밝혔지만 장기간에 걸쳐 먹였을 때도 이상이 없는지 조사할 필요도 있다. 즉, 장기간 소에게 바다고리풀을 먹여도 건강에 이상이 없는지, 그리고 육류의 맛과 우유의 맛에 변화가 없는지 등을 좀 더 자세히 조사하는 연구가 계속 진행될 것이다.

또 많은 소에게 먹이기 위해 바다고리풀을 대량생산하는 방법도 과학자들이 찾고 있다. 미국 캘리포니아에서만 230만 마리 이상의 소를 사육하고 있고 전 세계적으로는 15억 마리의 소를 사육하기 때문에 조금씩 사료에 섞어서 먹이더라도 아주 많은 양의 바다고리풀이 필요하다. 어떻게 하면 대량생산할 수 있을까?

2019년 호주의 폴 교수팀이 바다고리풀의 대량생산 방법을 찾는 연구를 시작했다는 소식이 전해졌다. 이 연구팀은 바다고리풀을 대량생산할 수 있는 대규모 해양 시설을 건설하는 것도 고려 중이다. 사실 바다고리풀은 우리나라 연안 바닷가에서도 자라는 해조류로 특별하지 않다. 따라서 바다고리풀의 대량생산 기술을 개발하는 일이 그리 어렵지는 않을 것 같다. 우리나라 연안 바다에서 미역이나 김을 대량으로 양식해서 생산하는 것처럼 머지않아 바다고리풀도 바다에서 대량 양식할 방법이 개발된다면 현실적으로 많은 소에게 사료에 섞어서 먹일 수 있을 것이다.

땅의 풀을 먹고 사는 소에게 바다고리풀(오른쪽)을 먹이려는 과학적 시도가 진행되고 있다.

이렇게 하면 소가 방귀로 배출하는 메탄가스를 획기적으로 줄일 수 있을 것이다.

• 해법 3_ 방귀 줄이는 사료를 만들어 주면 될까?

소가 메탄가스 방귀를 뀌는 것은 역설적으로 깨끗한 풀만 뜯어 먹기 때문이다. 소가 뜯어 먹은 풀이 위로 들어가면 장내 세균이 풀의 섬유질을 분해해서 소화가 잘되도록 도와준다. 이 과정에서 메탄가스가 발생해서 소가 방귀와 트림으로 배출한다. 그렇다면 소에게 풀만 먹일 것이 아니라 다른 것을 섞어 먹이면 메탄가스 배출량을 줄일 수 있지 않을까라고 생각해 볼 수 있다.

미국 버몬트주의 15개 농장에서 옥수수를 사료로 사용하던 것을 콩과 작물인 알팔파와 아마씨로 만든 사료로 바꿔서 소에게 먹였더니 메탄가스 발생이 18퍼센트나 줄어들었다는 결과를 얻었다. 그리고 프랑스의 낙농 기업은 소화를 돕는 오메가3 지방산을 사료에 섞어 소에게 먹여 메탄가스 발생을 줄였다. 오메가3 지방산이 소의 위에서 장내 미생물의 활동을 억제해 메탄가스 발생이 줄어든 것이라고 한다.

• 해법 4_ 프로바이오틱, 유익한 세균을 먹이면 될까?

프로바이오틱스라고 하면 건강기능식품이 생각난다. 우리 몸에 이로운 살아 있는 세균이 듬뿍 든 제품을 프로바이오틱스라고 한다. 이처럼 건강에 좋은 유익균인 프로바이오틱을 소에게 먹여 메탄가스 발생을 줄이려고 노력하는 미국 기업이 있다. 이 기업은 소의 소화를 돕는 박테리아와 효모 프로바이오틱을 개발 중이다. 이 프로바이오틱을 물과 음식에 타거나 풀에 뿌려서 소에게 먹일 수 있다. 이것을 소에게 먹이면 메탄가스 발생이 50퍼센트 정도 감소한다고 한다.

• 해법 5_ 방귀 덜 뀌는 소만 골라서 사육하면 어떨까?

사람에 따라 방귀를 많이 뀌는 사람도 있고 적게 뀌는 사람도 있다. 동물도 개체에 따라 방귀 뀌는 정도가 다르다. 그럼 소 중에서 메탄가스 방귀를 덜 뀌는 개체만 골라서 기를 수 없을까? 그러려면 소 한 마리 한 마리씩 방귀를 얼마나 뀌는지 보고 골라야 할까? 이보다 더 쉽고 과학적인 방법은 없을까? 이 방법을 찾아 연구한 과학자를 만나 보자.

2018년 스코틀랜드 루럴대학의 레이너 로히 교수는 동물 개체의 메탄가스를 배출하는 정도는 메탄생성세균의 양과 소의 유전체와 관련이 있다고 주장했다. 그러니까 소를 한 마리씩 일일이 관찰·검사하지 않아도 소의 유전자를 조사하는 방법으로 메탄가스를 적게 배출하는 소 개체를 선별할 수 있다는 뜻이다. 앞으로 그는 메탄가스 배출량을 줄이기 위해서 농장의 소 개체를 선별하는 작업을 기업들과 함께 진행할 계획이라고 한다.

2019년 영국·스웨덴·이탈리아 등의 국제 공동 연구팀이 소와 같은 되새김동물의 장내 미생물이 메탄가스 발생에 어떤 영향을 미치는지를 조사한 연구 결과를 발표했다. 이 연구팀은 영국과 이탈리아 등의 7곳 농장에서 1,016마리 소를 대상으로 위에 사는 미생물의 DNA를 분석했다. 조사 결과 절반 정도의 소가 512개의 공통된 미생물종을 가지고 있는데 그중 39개가 우유의 맛과 메탄가스 배출량에 큰 영향을 미치는 것으로 밝혀졌다. 이 연구에 참여한 호주의 존 윌리엄스 교수는 소의 위에서 메탄가스를 많이 만드는 미생물을 지닌 젖소를 선택적으로 배제할 수 있으며, 이러한 방법으로 메탄가스 배출을 50퍼센트 줄일 수 있다고 주장했다. 소의 위에서 사는 미생물을 조사하는 방식을 이용하여 고품질 우유를 만들면서도 메탄가스를 적게 배출하는 소를 선별해서 기를 수 있다는 뜻이다.

• 해법 6_ 방귀 덜 뀌는 양을 골라 사육하기

뉴질랜드에는 양 2600만 마리, 소 1000만 마리, 사슴 200만 마리가 살고 있는데 이들이 매일 메탄가스 방귀를 내뿜고 있다. 이 동물들이 내뿜는 가스가 뉴질랜드에서 배출하는 전체 온실가스의 60퍼센트나 된다. 이처럼 소뿐만 아니라 양이 내뿜는 메탄가스도 문제다. 따라서 양의 메탄가스 방귀를 줄이기 위한 연구도 진행되고 있다. 2016년 가축 온실가스연구 컨소시엄(Pastoral Greenhouse Gas Research Consortium, PGGRC)은 양의 메탄가스 방귀를 크게 줄여 주는 다섯 가지 화합물을 찾았다고 발표했다. 이 화합물을 양에게 먹이면 메탄가스 방귀가 30~90퍼센트 정도 감소한다는 것이다. 앞으로 이 화합물을 장기간 양에게 먹여도 부작용이 없는지 계속 조사할 계획이라고 한다.

최근에 뉴질랜드의 인베르메이 농업센터의 과학자들은 방귀와 트림으로 메탄가스를 적게 배출하는 양의 번식 방법을 개발했다고 밝혔다. 이 일에 참여한 에그리서치 기업의 수잔 로 박사는 번식을 통해 3세대의 양을 얻었는데 그 양은 다른 양들보다 메탄가스를 10퍼센트 적게 배출한다고 주장했다. 이처럼 메탄가스를 적게 배출하는 양은 먹이를 조금씩 자주 먹는 습성이 있다는 말도 덧붙였다. 이와 같은 연구 결과가 미래에 양을 키우는 목장에서 활용되어 메탄가스 방귀를 덜 뀌는 양을 사육함으로써 온실가스 배출을 많이 줄일 수 있을 것으로 기대된다.

• 해법 7_ 환경과 건강을 위한 육류 소비 줄이기

붉은색 육류 소비는 건강 문제와도 맞닿아 있다. 또 많은 소를 사육하려면 소에게 먹일 풀을 키우기 위한 넓은 목초지와 방목지가 필요한데 이 과정에서 삼림이 파괴되고 토지가 황폐해진다. 이 또한 소 방귀 못지않게 환경을 파괴한다. 그리고 소고기와 같은 붉은색 육류를 지나치게 많이 섭취하면 암, 심장병, 뇌졸중, 당뇨병 등의 위험이 증가한다.

환경보호단체는 지구온난화뿐만 아니라 건강을 위해서도 소고기와 같은 육류 소비를 줄이자는 캠페인을 벌이고 있다. 사실 옛날에는 소가 밭을 갈거나 수레를 끄는 등 여러 가지 일을 했다. 그러나 요즘은 기계화되어 소는 우유와 육류를 얻기 위해서만 사육되고 있다. 또 현대인의 식생활을 보면 평소에 필요 이상으로 지나치게 많은 육류를 섭취하고 있어 오히려 건강이 악화되고 여러 질병에 더 많이 걸리는 상황에까지 이르렀다. 따라서 이제 소고기나 돼지고기 같은 육류 섭취를 조금 줄이고 대신 건강에 좋은 채식을 늘리는 것이 환경과 우리 건강에 유익하다.

방귀 냄새가 고약하면 병이 있는 것일까?

방귀에 관해 이야기한 김에 건강과의 관계도 잠시 살펴보자. 사람이 많은 엘리베이터 안이나 중요한 모임 자리에서 터져 나오는 방귀를 참느라 고생한 경험이 누구에게나 있을 것이다. 어쩔 수 없는 생리현상이라 이해하고 넘어가지만, 지독한 냄새에 어쩔 수 없이 코를 찡그린다. 성인은 보통 하루에 10~20번 정도 방귀를 뀐다고 한다.

시원하게 뿡~ 하고 크게 소리 내며 뀌는 방귀보다 소리 없이 조용히 뀌는 방귀 냄새가 더 지독하다는 속설이 있다. 또 방귀 냄새가 심하면 건강에 이상이 있는 것으로 생각하기도 한다. 과학적으로 맞는 말일까?

먼저 방귀를 왜 뀌는지를 알아보자. 음식을 먹을 때 공기도 같이 삼키게 되는데, 이 공기가 위장을 거쳐 대장으로 가서 방귀로 빠져나온다. 그리고 먹은 음식이 소화되는 과정에서 장내 세균에 의해 분해되면서 가스가 만들어져 방귀로 나오기도 한다.

단순히 방귀가 음식을 먹을 때 삼킨 공기가 그대로 빠져나오는 것이라면 냄새가 그렇게까지 지독할 이유가 없다. 그렇지만 미생물이 음식을 분해하면서 내놓는 여러 가스 성분은 양이 적어도 지독한 냄새를 내뿜는다. 방귀의 주성분은 질소, 수소, 이산화탄소 등이며, 산소와 메탄이 소량 포함되어 있다. 또 아주 적은 양이지만 암모니아, 황화수소, 스카톨 등이 포함되어 있는데, 바로 이 성분들이 지독한 악취를 만든다.

방귀 소리가 크면 냄새가 덜 나고 방귀 소리가 작으면 냄새가 더 지독한 것은 아니라고 전문가들은 말한다. 또 방귀 냄새가 지독하다고 질병이 있다고 단정 지을 수도 없다고 한다. 그보다는 어떤 음식을 먹었느냐에 따라서 냄새가 달라진다. 스팸, 달걀, 치즈, 우유, 생선, 양배추, 브로콜리 등을 먹으면 지독한 냄새가 나는 방귀를 뀔 가능성이 크다. 소처럼 풀만 뜯어 먹고 사는 동물은 비록 온실가스인 메탄 방귀를 자주 뀌지만, 냄새는 별로 나지 않는다. 그러나 다른 동물을 잡아먹고 사는 사자 같은 육식동물은 냄새가 지독한 방귀를 뀐다.

2017년 영국《타임스》계열 교육지에서 노벨상 수상자 50명에게 인류

방귀의 성분은 질소, 수소, 이산화탄소 등이다.

가 당면한 가장 큰 위협은 무엇인지를 물었다. 이 물음에 '인구 증가 또는 환경 악화'라는 답변이 1위를 차지했다. 흔히 핵전쟁이나 마약이 인류에게 더 위협적이라고 생각하기 쉬운데, 그보다 더 위협적인 것이 환경 악화라고 답한 것이다.

지금까지 먼 나라 소 방귀와 관련한 지구온난화와 환경오염에 대해 살펴보았다. 이러한 환경문제는 생각보다 심각하게 우리 곁에 이미 와 있다. 미래를 위해 주변을 돌아보며 환경보호에 관심을 갖고 작은 것부터 찾아서 실천해 보자.

플라스틱 쓰레기,
내 식탁의 음식에 들어 있다?

식탁에 플라스틱 쓰레기가 올라왔다. 갓 구운 생선 속에, 깨끗한 컵에 담긴 깨끗한 물속에 플라스틱 쓰레기가 들어 있다. 너무 작아서 눈에 잘 보이지도 않는 미세플라스틱 쓰레기가 매일 식탁을 습격하고 있다. 마치 공포영화에나 나올 것 같은 일들이 이미 현실에서 벌어지고 있다. 수산물을 자주 먹는 사람은 일 년에 1만 개 이상의 미세플라스틱 조각을 먹을 것이라는 연구 결과를 벨기에 겐트대학 연구팀이 발표했다.

날이 갈수록 플라스틱 쓰레기 문제가 심각해지자 많은 나라가 모여 조약을 맺고 해결 방안 마련에 나섰다. 2020년 부자 나라에서 가난한 나라로 플라스틱 쓰레기의 수출을 제한하는 데 180개국 이상이 동의했다. 플라스틱 쓰레기를 재활용하기 위한 과학기술적 연구개발을 위한 법과 제도 마련도 진행되고 있다. 2022년 5월 텍사스주를 포함한 미국의 18개 주에서 플라스틱 쓰레기를 기름으로 만들어 재활용하는 것을 장려하는 법과 더불어 플라스틱의 화학적 재활용을 연구하는 기업에 재정적 지원을 해줄 수 있는 법적 근거도 마련했다.

어떤 사람은 석기 시대, 청동기 시대, 철기 시대를 지나 지금은 플라스틱 시대라고 말한다. 이번 여행에서는 플라스틱 시대의 어두운 그림자, 플라스틱 쓰레기와 미세플라스틱을 살펴볼 것이다. 세계 여러 나라에서 플라스틱 쓰레기와 미세플라스틱이 불러온 골치 아픈 현장을 둘러보고 과학기술로 이 문제를 해결할 수 있을지에 대해 함께 생각하며 해결책을 찾아볼 것이다. 그럼 플라스틱 시대의 그늘진 현장으로 가 보자.

플라스틱 쓰레기를 뒤집어쓴 지구

남태평양의 헨더슨섬은 유네스코 세계자연유산에 등재된 산호섬이다. 가을 하늘빛을 닮은 맑고 투명한 바닷물이 찰랑대는 해변에 야자수가 드리워진 풍경이 아름답다. 이처럼 아름답지만, 이곳은 몇 년에 한 번 사람이 찾아갈 정도로 문명 세계와 동떨어진 무인도다.

2017년 5월 호주 국립타스마니아대학 제니퍼 레이버스 교수가 이끄는 연구팀은 2015년 3개월 20일간 헨더슨섬에 쌓인 쓰레기를 분석한 보고서를 발표했다. 3800만 개 이상에 달하는 17.6톤으로 추정되는 플라스틱 쓰레기가 남태평양의 외딴 무인도에까지 밀려들어 섬을 오염시켰다는 것이다.

몇 년 후 그 섬을 다시 찾은 연구팀은 이전에 쌓여 있던 플라스틱 쓰레기가 없어지기는커녕 훨씬 더 늘어나 오염이 심해진 상황을 목격했다. 헨더슨섬에 처음 갔을 때 플라스틱 쓰레기 조각은 1제곱미터당 2그램이었는데, 두 번째 방문했을 때는 1제곱미터당 23그램으로 10배 이상 증

가한 것이다. 무려 40억 개의
플라스틱 조각이 섬에 있을 것
이라고 연구팀은 밝혔다.

해변에 널려 있는 플라스틱 쓰레기

다른 기이한 사례도 있다.
1997년 미국 로스앤젤레스에
서 하와이로 가는 요트 경주가
열렸다. 이 대회에 참가한 찰스
무어는 태평양을 가로질러 하
와이를 향해 가다가 태평양 한
가운데에서 지도에 없는 섬을 만나 요트를 멈췄다. 그 섬은 바로 플라스
틱 쓰레기로 가득한 쓰레기 섬이었다. 진짜 섬이 아니라 바다에 수많은
플라스틱 쓰레기가 떠다니다가 모여서 거대한 섬을 이룬 것이었다. 이후
그 섬의 크기는 매년 점점 더 커져 2021년에는 한반도 면적의 7배가 넘
었고 쓰레기량도 8만 톤 정도로 늘었다. 세상에나! 태평양 한가운데에
그렇게 큰 쓰레기 섬이 있다니, 정말 충격적인 일이다.

이외에도 2017년 태국 인근 바다에서 길이 1킬로미터에 달하는 거대
한 쓰레기 섬이 떠다니는 것이 두 번이나 목격되었다. 2015년 《사이언
스》에 발표된 글에 따르면, 매년 800만 톤의 플라스틱 쓰레기가 전 세
계 바다로 유입되고 있다.

최근 우리나라 바다도 플라스틱 쓰레기로 몸살을 앓고 있다. 부산 앞
바다에서 수거되는 쓰레기 중 93퍼센트가 플라스틱이다. 부표, 라면 용
기, 페트병, 돗자리 등 각종 플라스틱 쓰레기가 바닷물에 떠 있다. 플라
스틱 쓰레기는 가벼워서 물속으로 가라앉지도 않고 물 위에 둥둥 떠서

여기저기 옮겨 다닌다. 이로 인해 우리나라 연안에 사는 바다거북의 약 80퍼센트가 플라스틱을 먹었다는 연구 결과도 발표되었다.

갑자기 왜 이렇게 플라스틱 쓰레기 문제가 심각해졌을까? 그 내막을 살펴보면 사실상 갑자기 발생한 것이 아니다. 2018년 글로벌 시장 조사 기관인 슈타티스타가 발표한 자료에 따르면, 전 세계의 연간 플라스틱 생산량은 1950년 150만 톤에서 1989년에는 1억 톤으로, 2017년에는 3억 4800만 톤으로 70년이 안 되는 기간에 230배 이상 증가했으며, 2022년의 생산량은 4억 톤이나 될 것이라고 한다. 그리고 유로 모니터는 연간 플라스틱병의 생산량이 2014년에는 3000억 개, 2016년에는 4800억 개, 2021년에는 5800억 개 정도라고 발표했다. 해마다 이렇게 많은 플라스틱이 만들어져서 사용되고 나면 그다음에는 어떻게 될까? 바로 쓰레기로 버려진다.

2017년 미국 캘리포니아주립대학과 조지아주립대학 공동 연구팀이

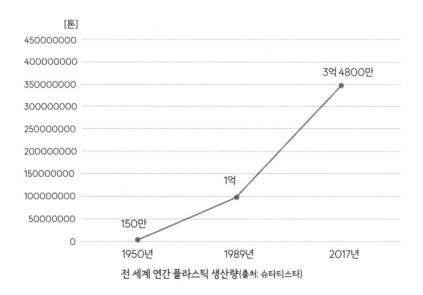

전 세계 연간 플라스틱 생산량(출처: 슈타티스타)

플라스틱의 생산량과 재활용 정도를 조사해서 발표했다. 1950년부터 2015년까지 생산된 플라스틱은 83억 톤이며, 그중에서 63억 톤이 쓰레기로 버려졌는데 63억 톤 중 9퍼센트(6억 톤)만 재활용되었고 12퍼센트(8억 톤)는 소각되었으며 79퍼센트(49억 톤)는 매립지에 묻거나 자연에 버린 것으로 밝혀졌다. 그러니까 지금도 지구 곳곳에는 49억 톤의 플라스틱 쓰레기가 쌓여 있다는 뜻이다. 또 이 연구팀은 지금과 같은 상황이라면 2050년이 되면 120억 톤의 플라스틱 쓰레기가 매립지나 자연에 버려질 것이라고 예측했다.

지금처럼 플라스틱을 마구잡이로 쓰고 버리면 머지않아 바다에는 물고기보다 플라스틱 쓰레기가 더 많아질 것이라는 경고도 나왔다. 2016년 세계경제포럼(World Economic Forum, WEF)의 '새로운 플라스틱 경제'에서 바다의 물고기와 플라스틱의 양을 비교한 내용이 발표되었다. 무게 기준으로 보면 물고기와 플라스틱의 비율이 2014년에는 5대1로 물고기가 더 많았으나, 2050년이 되면 1대1의 비율로 플라스틱 쓰레기가 물고기만큼이나 많아질 것이라고 예측했다. 아무 대책이나 노력 없이 앞으로 30년 정도 지나면 플라스틱 쓰레기가 바다의 물고기보다 더 많아질 것이라는 뜻이다. 정말 생각만 해도 끔찍한 일이다.

이런 공포스러운 상황은 이미 현실로 다가오고 있다. 2022년 4월 18일 〈그물로 80킬로그램 건져 올리면 새우 3킬로그램뿐… 플라스틱 쓰레기 60킬로그램〉이라는 기사가 실렸다. 남의 나라 이야기가 아니라 우리나라 인천시 강화군에서 실제로 일어난 일을 전하는 기사다. 그 지역의 어민이 새우를 잡기 위해 던진 그물에 새우는 조금밖에 없고 플라스틱 쓰레기가 가득하다는 것이다. 이렇게 그물에 걸려 올라오는 플라스틱 쓰레기는 과자봉지, 라면봉지, 작은 비닐조각, 밧줄, 배관 플라스틱 조각 등 다양하다. 이처럼 우리나라에서도 이미 플라스틱 쓰레기 오염이 심각하다. 우리가 사는 지구에 이렇게 많은 플라스틱 쓰레기가 있어도 정말 괜찮을까?

플라스틱을 먹고 죽어 가는 동물들

2019년 2월에 〈플라스틱으로 가득 찬 새의 배, 세상에 충격을 던지다〉라는 기사가 배 속에 플라스틱으로 가득 찬 어린 앨버트로스의 사체를 찍은 사진과 함께 실렸다. 전 세계에 큰 충격을 안겨준 이 사진은 2009년 태평양 미드웨이섬에서 미국의 사진작가 크리스 조던이 찍은 것이었다. 어린 앨버트로스는 바다에 떠내려온 작은 플라스틱 쓰레기를 먹이로 알고 먹은 것이다. 한두 개도 아니고 너무 많이 먹어 결국에는 죽었다. 조던은 이후 8년 동안 작업해서 미드웨이섬에 관한 다큐멘터리 영화를 만들었다. 이를 통해서 생태계를 파괴하는 플라스틱 쓰레기의 심각성을 세계에 알렸다. 이미 2017년에 호주 국립과학산업연구기구(Commonwealth Scientific and Industrial Research Organization, CSIRO)의 연구원은 현재와 같은 추세라면 몇십 년 안에 대부분의 바닷새 몸에서 플라스틱이 발견될 것이라고 경고했다.

전 세계 바다에 있는 플라스틱 조각은 5조 개 정도이며 무게로는 27만 톤이나 되는 것으로 추정하고 있다. 이와 같은 바다의 플라스틱 쓰레기로 인해 매년 100만 마리의 바닷새와 10만 마리의 해양 포유류가 죽는다. 해양 동물을 죽이는 바다의 플라스틱 쓰레기 중에는 우리나라에서 배출한 것도 있다.

미드웨이섬의 앨버트로스(왼쪽)와 플라스틱을 먹고 죽은 앨버트로스(오른쪽)

우리나라에서 버린 플라스틱 쓰레기로 인한 해양 동물의 피해는 얼마나 될까? '한국 플라스틱 쓰레기가 해양 동물에 미치는 영향'에 관해 생명다양성재단과 영국 케임브리지대학이 공동으로 진행한 조사를 살펴보자. 이 조사에 따르면, 우리나라의 플라스틱 쓰레기가 매년 바닷새 5,000마리와 해양 포유류 500마리를 죽이는 것으로 드러났다. 이는 우리나라에서 배출한 플라스틱 쓰레기가 먼바다로 떠내려가서 많은 생물을 위협하고 죽이고 있는 현실에 관해 처음으로 실시한 조사 결과다.

한편, 한국해양과학기술원은 국내 5대 강을 통해서 매년 바다로 흘러들어가는 미세플라스틱의 실태를 조사하여 발표했다. 한강을 통해 연간 29조 7000억 개, 낙동강을 통해 9조 5000억 개, 금강을 통해 4조 9000억 개, 영산강을 통해 2조 6000억 개, 섬진강을 통해 4000억 개의 미세플라스틱이 해양에 유입되는 것으로 드러났다.

우리나라 연안의 바다거북은 플라스틱의 위협에 직면해 있다. 한국해양과학기술원이 우리나라 연안에서 폐사한 바다거북 34마리를 조사했는데 그중 28마리가 해양 플라스틱을 먹은 것으로 확인되었다. 28마리 바다거북의 소화기관에서 총 1,280개(118그램)의 플라스틱이 발견되었으니 거북 한 마리가 평균 38개의 플라스틱을 먹은 셈이다. 거북이 먹은 플라스틱은 필름포장재, 비닐봉지, 끈, 그물, 밧줄 등이었다.

2018년에는 비닐봉지를 먹이로 알고 먹은 뒤 고통 속에서 죽어 가는 돌고래가 태국에서 발견되었다. 그 돌고래의 배 속을 들여다보니 80장이나 되는 비닐봉지가 들어 있었다. 맛있는 먹이도 아니고 소화도 되지 않는 비닐봉지를 이렇게 많이 먹었으니 돌고래가 멀쩡할 리가 없다. 그 많은 비닐봉지는 누가 버렸을까? 슈퍼마켓에서 물건을 사고 비닐봉지에 담아 와서 쓰고 나면 별생각 없이 쓰레기로 버린 비닐봉지가 바다를 떠돌다가 동물의 생존을 위협하는 것이다.

2018년 인도네시아의 와카토비 국립공원 해변에서 몸길이가 9.5미터나 되는 향유고래가 비닐봉지 5개를 토해 내며 쇼크로 신음하다 죽어

비닐장갑을 물고 있는 갈매기(왼쪽)와 버려진 그물에 걸린 바다거북(오른쪽)

가는 모습으로 발견되었다. 이 고래의 배 속을 살펴보니 6킬로그램이나 되는 플라스틱 쓰레기가 있었다. 내용물은 플라스틱 컵이 115개, 페트병과 슬리퍼 등 천 개가 넘는 플라스틱 쓰레기였다. 이외에도 매년 수많은 동물이 플라스틱 쓰레기를 먹고 죽어 가고 있다.

식탁 위로 되돌아온 플라스틱 쓰레기

많은 동물이 플라스틱 쓰레기로 병들어 죽어 가고 있는데, 우리는 안전할까? 잠깐만 생각해 보아도 그렇지 않다는 것을 금방 알 수 있다. 작은 어항 속에 사는 물고기 한 마리가 어느 날 바닥의 흙을 헤집어서 흙탕물을 만들었다면 그 물고기는 어떻게 될까? 자기가 만들어 놓은 더러운 흙탕물을 마시며 지내야 한다. 우리가 사는 푸른 행성 지구도 어항처럼 닫힌 공간이다. 그 안에서 옹기종기 모여 살면서 어마어마한 양의 플라스틱 쓰레기를 계속 버려서 오염시키고 있으니 그 속에 사는 우리가 안전할 리 없다.

급기야 우리가 버린 플라스틱 쓰레기가 식탁 위로 되돌아오는 엽기적인 일이 벌어지고 있다. 어쩌다 한두 번도 아니고 매일매일 플라스틱 쓰레기가 우리 식탁을 위협하고 있다. 2018년에 실린 기사 제목은 〈내가 버린 플라스틱, 참치·조개가 먹고 내가 다시 먹는다〉였다. 정말 먹은 음식물을 토하고 싶어지는 기사다.

2016년 유엔환경계획(United Nations Environment Programme, UNEP)이 발표한 보고서에 따르면, 2010년에만 480만~1270만 톤 정도의 플라스틱 쓰레기가 바다로 흘러 들어갔다. 이처럼 바다로 흘러 들어간 플라스틱 쓰레기는 물 위를 둥둥 떠다니다가 자외선을 받아 잘게 쪼개져 지름

5밀리미터 이하의 미세플라스틱으로 바뀐다. 바다에 사는 플랑크톤과 물고기는 이 미세플라스틱을 먹이로 착각하여 먹는다.

플라스틱 쓰레기가 우리 식탁으로 되돌아오는 과정을 살펴보면 이렇다. 지금은 사용이 금지되었지만 한때 비누나 치약, 화장품 같은 생활용품에 아주 작은 플라스틱 알갱이가 많이 들어 있었다. 그래서 세수할 때 미세플라스틱 알갱이들이 세면대의 하수도를 타고 내려가 강과 바다로 흘러 들어갔다. 또 세탁기로 옷과 이불을 빨 때에도 미세플라스틱이 하수도로 버려진다.

이처럼 집에서 버리는 생활하수의 오염물질은 일단 하수처리장에서 처리되지만 아주 작은 미세플라스틱 알갱이는 걸러지지 못하고 그대로 강으로 바다로 흘러 들어간다. 또 일상생활에서 쓰고 버린 플라스틱 쓰레기가 바다로 흘러 들어간 후 자외선을 받아 작게 부서져서 미세플라스틱이 된다.

이렇게 강이나 바다로 들어간 미세플라스틱 알갱이를 플랑크톤이 맛있는 먹이로 착각해서 먹는다. 그리고 플라스틱 알갱이를 먹은 플랑크톤은 물고기에게 잡아먹히고, 그 물고기는 더 큰 물고기에게 잡아먹히면서 먹이사슬을 타고 점점 더 우리에게로 다가온다. 결국 미세플라스틱을 먹은 물고기는 생선구이로, 생선회로 식탁 위에 올라온다. 그뿐만 아니라 굴이나 미역 같은 해산물에도 미세플라스틱이 들어 있다.

음식물 속에 미세플라스틱이 있다!
2013년 1월 24일 《가디언》은 영국 식탁에 오르는 대구와 고등어 등과 같은 어류의 3분의 1에서 플라스틱 조각이 발견되었다고 영국 플리머스대학의 연구 결과를 인용해 보도했다. 이런 일이 아주 먼 나라의 이야기이고 내가 먹는 식탁에는 올라오지 않는다면 얼마나 좋을까? 그러나 현실은 내가 먹는 식탁 위의 상황도 마찬가지라는 것이다.

그럼 우리나라의 미세플라스틱 오염은 얼마나 심각할까? 2016년 경남 진해와 거제의 양식장과 근처 바다에서 굴·게·담치·지렁이를 잡아서 분석한 결과, 총 139개체 중 97퍼센트에 해당하는 135개체에서 미세플라스틱이 검출되었다고 한국해양과학기술원이 발표했다.

식약처는 2020~2021년에 걸쳐 해조류와 젓갈류 등 식품 11종 102품목을 대상으로 미세플라스틱 오염도를 조사하여 그 결과를 발표했다. 식품에서 검출된 미세플라스틱은 폴리에틸렌(PE)과 폴리프로필렌(PP) 재질이 가장 많았고 크기는 45~100마이크로미터인 것이 가장 많았다. 그리고 각 식품 1그램 속에 있는 미세플라스틱 개수는 젓갈 6.6개, 티백 4.6개, 해조류(미역, 다시마, 김) 4.5개, 액젓 0.9개, 식염(천일염 제외) 0.5개, 벌꿀 0.3개 등으로 나타났다.

우리나라의 미세플라스틱 오염은 다른 나라와 비교해 보아도 심각한 수준이다. 2018년 영국 맨체스터대학 연구팀은 우리나라 인천 앞바다와 경기도 바닷가의 미세플라스틱 농도가 세계에서 두 번째로 높다는 내용이 포함된 연구 결과를 발표했다. 1제곱미터당 평균 미세플라스틱 개수가 1만 개에서 10만 개 정도라는 것이다.

미세플라스틱 오염은 물고기나 조개류뿐만 아니라 수돗물에서도 심각하게 나타난다. 2017년 미국 얼브미디어와 미네소타대학은 세계 14개국의 수돗물 샘플 159개 중 83퍼센트에서 미세플라스틱이 발견되었다는 조사 결과를 발표했다. 특히 미국 수돗물 샘플의 94퍼센트에서 미세플라스틱 섬유가 발견되었다.

이와 같은 충격적인 수돗물 조사 결과를 접하자 우리나라에서도 수돗물이 미세플라스틱에 오염되었는지 실태 파악에 나섰다. 2017년 자료에 따르면, 우리나라 24곳 정수장을 조사한 결과 정수장 3곳에서 1리터당 0.2~0.6개 정도의 미세플라스틱이 검출되었다. 외국에 비해 상대적으로 우리나라 수돗물의 미세플라스틱 오염이 덜하기는 하지만 안심할 수만은 없는 실정이다.

소금에도 미세플라스틱이 들어 있다는 뉴스가 들려온다. 세계에서 생산되는 소금의 90퍼센트에 미세플라스틱이 포함되어 있다는 내용이다. 2018년 인천대 김승규 교수팀과 그린피스는 세계 21개국에서 생산되는 39종(바닷소금 28종, 암염 9종, 호수소금 2종)의 소금을 분석한 결과, 단 3종을 제외한 36종 소금에서 미세플라스틱이 검출되었다는 조사 결과를 발표했다. 1킬로그램당 미세플라스틱 개수를 보면 바닷소금에서 0~1,674개, 암염에서 0~148개, 호수소금에서 28~462개가 검출되었다. 그리고 우리나라에서 생산한 소금에서도 1킬로그램당 100~200개의 미세플라스틱이 검출되었다. 미세플라스틱이 검출되지 않은 3종의 제품은 대만의 정제염, 중국의 정제 암염, 프랑스의 천일염이었다고 한다. 조사에 참

소금에도 미세플라스틱이 들어 있다.

여한 그린피스는 소금에서 검출된 미세플라스틱 개수와 세계 평균 하루 소금 섭취량인 10그램을 기준으로 보면 1인당 매년 2천 개의 미세플라스틱을 소금을 통해 먹고 있는 셈이라고 설명했다.

2021년에는 우리나라 사람이 세계 3위로 미세플라스틱을 많이 먹고 있다는 충격적인 연구 결과가 발표되었다. 영국 헐대학의 연구팀이 2014~2020년에 발표된 세계 각국의 논문을 분석한 결과, 전 세계인의 1인당 연간 미세플라스틱 섭취량은 5만 4000개였다. 나라별로 보면 홍콩과 마카오가 세계에서 미세플라스틱을 가장 많이 섭취하는 것으로 나타났다. 홍콩의 1인당 연간 미세플라스틱 섭취량은 29만 9000개였고 마카오는 23만 1000개였다. 그리고 세 번째로 우리나라가 1인당 연간 18만 7000개의 미세플라스틱을 어패류를 통해 먹고 있는 것으로 드러났다. 매우 충격적인 연구 결과였다. 다른 나라들의 1인당 연간 미세플라스틱 섭취량을 보면 노르웨이가 16만 5000개, 에스파냐가 16만 4000

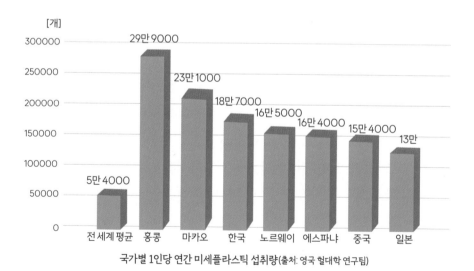

국가별 1인당 연간 미세플라스틱 섭취량(출처: 영국 헐대학 연구팀)

개, 중국이 15만 4000개, 일본이 13만 개 등이다.

또한 2019년 세계자연기금(World Wide Fund for Nature, WWF)이 호주 뉴캐슬대학과 함께 연구해 발표한 보고서에 따르면, 한 사람이 일주일간 먹는 미세플라스틱은 약 2,000개로 집계되었다. 무게로 환산하면 신용카드 1장에 해당하는 5그램이다. 월간으로 환산하면 칫솔 1개(21그램), 연간으로 보면 250그램이 넘는 양이다. 10년에 튜브 1개(2.5킬로그램)에 해당하는 미세플라스틱을 먹는 셈이다. 또한 매주 물을 통해 1,769개를 섭취하고, 갑각류(182개), 소금(11개), 맥주(10개) 등에서도 미세플라스틱을 섭취했다.

건강에 얼마나 해로울까?

이처럼 많은 양의 미세플라스틱을 먹어도 괜찮을까? 플라스틱 쓰레기를 먹고 죽은 새나 고래처럼 우리도 죽지 않을까? 이렇게 많은 미세플라스틱을 매일 먹는다면 병이 생기지 않을까? 그런데 미세플라스틱을 먹었을 때 건강에 얼마나 해로운지에 관한 연구가 최근에서야 시작되었기 때문에 좀 더 지켜봐야 한다. 아직 연구가 진행 중이라 얼마나 해로운지 단정적으로 말하기는 어렵지만, 최근에 발표된 국내외 기관의 연구 결과와 보고서의 내용을 들여다볼 필요가 있다.

2016년부터 유엔환경계획과 유엔식량농업기구(FAO) 등의 국제기구는 바다생물이 먹은 미세플라스틱이 우리 몸으로 들어오는 오염에 대해 계속 경고하고 있다. 이러한 미세플라스틱을 조금 먹는다고 당장 배탈이 나거나 건강에 이상이 생기진 않는다. 그렇지만 인체에 계속 축적되면서 여러 질병을 일으킬 수 있다는 경각심으로 연구를 진행하고 있다. 유엔

식량농업기구는 한 사람이 조개류를 통해 하루에 1~30개 정도의 미세 플라스틱을 먹고 있지만, 인체에 해로운 영향을 준다는 증거는 아직 없다고 밝혔다.

2016년 유럽식품안전청(European Food Safety Authority, EFSA)의 보고서를 살펴보면 미세플라스틱이 건강에 어떤 영향을 미치는지 조금 알 수 있다. 미세플라스틱이 건강에 영향을 미치는 것은 두 가지다.

첫째는 크기가 작아서 생기는 영향이다. 플라스틱 알갱이가 크면 먹더라도 소화되지 않고 몸 밖으로 쉽게 빠져나간다. 그러나 아주 작은 미세플라스틱은 몸속으로 파고들 수 있다. 0.001밀리미터 이하의 미세플라스틱은 몸속의 조직으로 깊이 침투할 수 있으며, 한번 들어가면 잘 빠져나오지도 않는다. 장기간 아주 작은 미세플라스틱이 몸속에 계속 쌓이면 건강에 해로울 수 있다.

둘째는 플라스틱 제품을 제조할 때 들어가는 각종 화학 첨가제의 영향이다. 일상생활에서 사용하는 플라스틱은 대부분 크기가 크든지 작든지 그 자체로는 몸에 해롭지 않다. 그렇지만 플라스틱에 첨가된 색소 물질이나 안정화 물질 등의 화학물질이 몸에 해로운 독성물질일 수 있다. 아직은 이러한 화학물질이 몸에 얼마나 해로운지에 관한 연구가 부족한 실정이라 결론을 내리기는 이르지만 해로울 것으로 추정하고 있다.

식약처는 2017년에서 2021년까지 미세플라스틱 오염도 조사 결과를 발표했는데, 이에 따르면 우리나라는 식품을 통해 한 사람당 하루 평균 16.3개의 미세플라스틱을 먹는다. 그렇지만 식약처는 지금까지 알려진 독성 정보를 기반으로 볼 때 우려할 수준은 아니라고 발표했다.

이에 더해 식약처는 음식을 요리하는 과정에서 미세플라스틱을 씻어서 제거하는 방법도 설명했다. 다시마와 미역을 조리 전에 물로 두 번 이상 세척하면 미세플라스틱을 상당 부분 제거할 수 있다는 것이다. 다시마는 씻기 전에 미세플라스틱이 4.85개였는데 두 번 물로 씻은 후에는 0.75개로 85퍼센트 감소했고, 미역은 4.2개에서 1.2개로 71퍼센트 감소했다는 것이다. 또 바지락 같은 조개류는 소금물에 30분 이상 해감하면 미세플라스틱이 90퍼센트 이상 제거되는 것으로 밝혀졌다. 따라서 미세플라스틱에 대한 우려를 조금이나마 줄이려면 조리 과정에서 잘 씻어 내는 것이 중요하다.

각국의 플라스틱 금지령과 벌금

이제 플라스틱 문제는 두고 보고만 있을 수 없는 지경에까지 이르렀다. 2022년 2월 영국의 조사기관 입소스(Ipsos)는 우리나라를 포함하여 미국, 일본, 영국 등 28개국 2만 513명을 대상으로 '일회용 플라스틱에 대한 태도' 설문조사를 진행하여 그 결과를 발표했다. 이에 따르면 응답자의 75퍼센트가 일회용 플라스틱 사용 금지에 동의했으며, 플라스틱 오염 방지를 위해 국제조약 체결이 필요하다고 대답한 비율이 88퍼센트나 되었다. 이처럼 날로 심각해지는 일회용 플라스틱 사용에 의한 환경오염의 심각성과 이를 해결하기 위해 일회용 플라스틱 사용을 금지해야 하는 것에 많은 사람이 공감하고 있다.

최근 유엔이 앞장서고 유럽연합과 여러 나라가 동참하여 플라스틱 사용을 규제하고 재활용을 확대하는 정책을 추진하고 있다. 유럽연합은 'EU 플라스틱 전략'을 2018년 1월에 채택했으며, '일회용 플라스틱에 대한 지침'을 2019년 7월에 채택했다. 여기에는 유럽연합 내에서 면봉, 음식용기, 음료컵, 플라스틱 비닐 등 10개 품목의 판매 금지를 포함하고 있으며 2021년 7월부터 시행하고 있다. 또한 유럽연합은 회원국 내에서 재활용되지 않는 플라스틱 포장재 폐기물에 대해 플라스틱세(0.8유로/킬로그램)를 2021년 1월부터 도입했다.

미국도 플라스틱 사용 규제를 확대하고 있다. 샌프란시스코는 2007년 비닐봉지 사용을 금지했으며, 2016년 스티로폼으로 만든 포장재나 일회용 용기 사용을 금지했다. 뉴욕시는 스티로폼 사용을 전면 금지하는 조례를 만들어 2019년 1월부터 시행하고 있으며, 이를 어기면 벌금을 내야 한다. 이로 인해 뉴욕 시내 식당이나 카페 등에서는 일회용 스티로폼 용기를 사용할 수 없고 재활용할 수 있는 용기만 사용해야 한다. 예외로 슈퍼마켓에서 파는 고기나 해산물 포장에 사용하는 스티로폼 접시의 사용은 허용된다. 뉴욕시는 스티로폼 사용 금지 시행을 통해서 약 2만

산처럼 쌓여 있는 플라스틱 쓰레기

톤의 쓰레기를 줄일 수 있다고 예상한다. 미국에서 스티로폼 제품 사용을 규제하는 곳은 워싱턴 DC, 시애틀, 포틀랜드, 마이애미비치, 로스앤젤레스 카운티, 샌프란시스코 등이다.

2021년 미국 민주당은 플라스틱 생산에 환경세를 매기기 위한 방안을 모색했다. 비닐봉지나 음료수 용기 같은 일회용 플라스틱 제품에 1파운드(0.45킬로그램)당 20센트(약 237원)의 환경세를 부과하려는 것이다. 이처럼 플라스틱에 환경세를 부과하는 것에 대해 찬성과 반대의 주장이 맞서고 있지만, 플라스틱 사용 후 쓰레기뿐만 아니라 생산 과정에까지 세금을 매겨야 한다는 목소리가 커지고 있는 실정이다.

비닐봉지의 사용에 대해 세계에서 가장 강력한 처벌을 시행하는 나라는 케냐다. 케냐는 2017년 8월부터 비닐봉지 제작이나 수입 및 사용을 전면 금지하고 이를 어기면 최대 징역 4년 또는 최대 4만 달러(4000만 원)의 벌금을 내도록 하고 있다. 케냐가 이렇게 비닐봉지에 관해 강력하게 금지하는 이유는 국가경제에 중요한 목축업과 어업 및 관광업에 악영향을 끼치기 때문이다. 비닐봉지를 가지고 있거나 쓰다가 발각되면 벌금을 내거나 징역을 살아야 한다.

이러한 금지가 얼마나 효과가 있었을까? 2019년 8월 말 영국 BBC는 케냐에서 2017년 이후 2년 동안 비닐봉지 사용 금지를 시행한 결과를 보도했다. 이에 따르면, 케냐 국민의 80퍼센트가 비닐봉지를 더 이상 사용하지 않는 것으로 조사되었다. 2년 동안 케냐에서 비닐봉지 사용 금지를 어긴 사람은 300명 정도이며, 그들은 500~1,500달러(약 60만~182만 원)의 벌금형을 선고받았다. 그러나 일부 소규모 사업자들이 작은 비닐봉지를 몰래 사용하고 있는 것으로 드러났다.

방글라데시는 2002년부터 비닐봉지 사용을 금지하고 있으며, 에티오피아에서는 일회용 비닐봉지 생산과 수입을 2011년에 금지했다. 또 인도네시아의 발리섬은 비닐봉지, 스티로폼, 플라스틱 빨대 등의 사용을 2018년 12월부터 금지했고, 수도 자카르타도 상점에서 일회용 비닐봉지 사용을 2020년 7월부터 금지했다.

최근 호주는 모든 일회용 비닐봉지 사용을 금지하는 법안을 도입했으며,

케냐 몸바사 시장(위)과 기린이 사는 야생 환경(아래)

일부 주는 일회용 플라스틱 사용을 금지하고 있다. 그리고 중국은 주요 도시의 식당과 상점에서 일회용 플라스틱 빨대와 비닐봉지 사용을 2021년 1월부터 금지했으며, 2025년까지 일회용품 생산과 판매 금지를 전국으로 점차 확대한다고 밝혔다.

인도는 2022년 7월부터 일회용 플라스틱 사용을 법적으로 제한했다. 스코틀랜드에서는 2022년 6월에 일회용 플라스틱 사용을 금지하는 법안이 발효되었다. 베트남은 2026년부터 상점 내 일회용 비닐봉지 사용

금지를 시행할 계획이라고 밝혔고, 태국도 비닐봉지와 플라스틱 빨대 사용을 단계적으로 제한하거나 금지해 나갈 계획이라고 밝혔다.

2022년 경제협력개발기구(Organization for Economic Cooperation and Development, OECD)는 일회용 플라스틱을 금지하거나 이와 관련된 세금정책을 시행하는 나라가 120개국 이상이라고 밝혔다. 그러나 OECD는 플라스틱 오염을 줄이기에는 충분한 상황이 아니라며 국제적 조치와 협력이 필요하다고 강조했다.

최근에는 미세플라스틱의 사용을 금지하는 나라도 늘고 있다. 미국은 2015년 12월에 '마이크로비즈 청정 해역 법안'을 통과시켜 물로 씻는 일상생활 제품에 미세플라스틱의 사용을 금지했다. 이어 캐나다와 영국 및 우리나라도 미세플라스틱 사용을 규제하고 있다. 2017년 식약처의 발표에 따르면, 우리나라는 미세플라스틱 사용을 규제하기 위해 '화장품 안전기준 등에 관한 규정'에 '미세플라스틱'을 사용할 수 없는 원료로 지정했으며, '의약외품 품목허가 신고 심사 규정'에 '고체 플라스틱'을 사용할 수 없는 첨가제로 지정했다.

플라스틱에 중독된 우리나라

우리나라는 플라스틱에 중독되었다. 플라스틱이 가져다주는 편리함에 중독된 것이다. 매일매일 별생각 없이 편하다는 이유로 쓰고 버리는 플라스틱의 양이 어마어마하다. 이제 플라스틱에 중독된 우리의 부끄러운 민낯을 들여다보자.

세계에서 플라스틱을 가장 많이 쓰고 버리는 나라는 어디일까? 2022년 2월 OECD가 발간한 〈폐기물 관리와 재활용에 관한 보고서〉에는 플라스틱 쓰레기의 현황이 다음과 같이 나와 있다. 전 세계에서 생산하는 플라스틱 양은 2000~2019년 사이에 2배 증가해 4억 6000만 톤이나 되며, 플라스틱 폐기물도 같은 기간 2배 이상 증가해 3억 5300만 톤으로 집계되었다. 전체 플라스틱 폐기물의 절반은 OECD 국가에서 발생했는데, 한 사람이 연간 배출하는 플라스틱 폐기물의 양은 미국이 221킬로그램, 유럽연합이 114킬로그램, 한국과 일본이 69킬로그램이었다. 또 우리나라는 한 사람이 일 년에 비닐봉지 420장을 쓰고 버리는데 핀란드는 4장밖에 안 된다. 핀란드 사람보다 우리나라 사람이 105배나 많은 양의 비닐봉지를 사용하고 있다는 뜻이다.

이처럼 많은 플라스틱을 사용하면 그다음은 어떻게 될까? 당연히 플라스틱을 많이 사용한 만큼 많은 양의 플라스틱 쓰레기가 발생한다. 플라스틱 쓰레기가 점점 많아지자 소각하거나 땅에 매립하는 방법으로 감당이 안 되는 지경에 이르러서 불법적인 방법으로 처리하려는 업체도 있다. 일부 회사에서 플라스틱 쓰레기를 동남아의 나라로 수출해서 치워 버리는 일이 발생했다. 2019년 우리나라 업체가 플라스틱 쓰레기 6,500톤을 재활용이 가능한 합성 플레이크 조각이라고 위조하여 필리핀으로 수출했으나, 필리핀 관세청이 이를 적발하여 그중 1,400톤을 우리나라로 반송하는 일이 발생했다. 당시 MBC 〈PD 수첩〉을 비롯하여 국내 주요 방송과 신문에서 이 사건을 집중 취재하여 방송했다. 이는 악취가 진동하고 썩고 있는 생활 쓰레기와 플라스틱 쓰레기가 뒤섞인 쓰레기 더미를 해외로 수출하려다 들킨 사건으로 우리나라는 국제적으로 망신을 당했다. 우리나라 플라스틱 쓰레기의 적나라한 민낯이 드러나는 부끄러운 사건이었다.

이러한 플라스틱 쓰레기 문제를 해결하기 위해 2018년 환경부가 종합대책을 발표했다. 주요 내용은 이렇다. 2030년까지 플라스틱 폐기물 발생량을 절반으로 줄이기, 플라스틱 폐기물 재활용률을 34퍼센트에서 2030년까지 70퍼센트로 올리기, 비닐류 재활용 의무율을 66.6퍼센트에서 2022년까지 90퍼센트로 높이기, 일회용 컵 사용량을 61억 개에서 2022년까지 40억 개로 줄이기, 일회용 컵 재활용률을 8퍼센트에서 2022년까지 50퍼센트로 높이기.

정부는 2020년 12월에 '생활폐기물 탈플라스틱 대책'도 발표했다. 이는 2050년까지 '생활 플라스틱 제로'를 목표로 하고 있다. 주요 내용은 2025년까지 플라스틱을 20퍼센트 감축하고 재활용 비율을 54퍼센트에서 70퍼센트로 올리는 것이다. 또 2030년까지 일반 플라스틱 30퍼센트를 바이오 플라스틱으로 전환하는 것을 포함하고 있다.

친환경적 해법을 찾아서

플라스틱 쓰레기 문제를 해결하기 위한 속 시원한 해결책은 없을까? 플라스틱 쓰레기와 관련된 가장 골치 아픈 문제는 플라스틱이 잘 썩지 않고 수십 년에서 백 년 이상 그대로 있다는 것이다. 플라스틱이 썩지 않는 이유는 석유에서 뽑은 물질로 만들었기 때문이다. 기름 성분으로 만들었으니 땅속에서 썩을 리가 없다.

그럼 잘 썩는 플라스틱을 만들려면 어떻게 해야 할까? 자연에 있는 재료를 가져다가 만들면 된다. 이렇게 만든 바이오 플라스틱이 여러 제품으로 나왔다. 대표적인 친환경 바이오 플라스틱으로 폴리락틱산 (Polylatic Acid, PLA)을 꼽을 수 있다. 옥수수나 사탕수수에서 얻은 젖산을 이용해 만든 플라스틱이다. PLA는 식품 용기나 생수병 등 다양한 생활용품과 산업용 소재로 사용할 수 있다. 특히 PLA는 사용 후 물과 이산화탄소로 분해되어 친환경적이다.

최근 국내 기업이 바이오 플라스틱을 대량생산하기 위한 공장을 세울 계획이라는 뉴스가 들려온다. 2022년 8월 LG화학은 미국의 ADM과 함께 생분해성 바이오 플라스틱 공장을 세우기로 계약을 맺었다고 발표했다. LG화학은 'LG화학 일리노이 바이오켐'을 설립하여 젖산으로 연간 7만 5000톤의 PLA 바이오 플라스틱을 생산할 계획이다. 미국 일리노이에 세워질 이 공장은 2025년 완공을 목표로 하고 있다.

2022년 SK지오센트릭은 코오롱인더스트리와 함께 친환경 생분해성 플라스틱 소재 'PBAT(PolyButylene Adipate-co-Terephthalate)'의 생산을 시작했으며, 2023년까지 연간 6만 톤을 생산할 계획이라고 밝혔다. PBAT는 자연에서 미생물에 의해 빠르게 분해되는 친환경 플라스틱 제품이라 더욱 관심을 끌고 있다. 일반 플라스틱이 100년 넘어도 썩지 않지만 PBAT는 땅속에 묻으면 6개월 이내에 90퍼센트 이상 분해된다. 세계적인 생분해성 플라스틱 생산량을 보면 몇 년 전부터 생산량이 크게 증가하기 시작해 앞으로 더욱더 증가할 것으로 전망된다.

다른 방법도 보자. 자연에 있는 벌레가 플라스틱을 갉아 먹으면 좋을 텐데 그런 벌레가 있을까? 나무로 만든 물건은 쓰고 버리면 벌레들이 갉아 먹고 썩어서 자연스럽게 없어진다. 그런데 플라스틱은 워낙 단단한 물질이고 석유에서 원료를 뽑아 만든 것이라 벌레들이 좋아하지 않는다. 그런데 플라스틱을 갉아 먹는 생물을 찾았다는 보고가 가끔 나온다.

2017년 에스파냐 칸타브리지대학과 영국 케임브리지대학의 공동 연구팀이 꿀벌부채명나방의 애벌레가 폴리에틸렌 성분의 비닐봉지를 분해하는 것을 발견했다. 이 같은 발견을 통해 플라스틱 쓰레기를 자연환경에서 처리할 수 있을 것이라는 기대와 관심이 높아졌다.

2015년 미국 스탠퍼드대학 연구팀은 딱정벌레목 거저리류의 유충이 스티로폼 먹는 것을 발견했으며, 2016년에는 페트병의 재료인 폴리에틸렌테레프탈레이트(PET)를 분해하는 이데오넬라 사카이엔시스(*Ideonella sakaiensis*)라는 박테리아를 일본 교토대학 연구팀이 발견했다.

그렇지만 현실적으로 벌레와 박테리아를 플라스틱 쓰레기 문제 해결에 활용하기는 어렵다. 플라스틱의 종류가 매우 다양하고 양도 어마어마하게 많기 때문이다.

다른 흥미로운 방법이 최근에 발표되었다. 2022년 미국 텍사스대학 오스틴캠퍼스의 할 알퍼 교수팀은 플라스틱을 이틀 만에 분해하는 효소를 개발했다고 발표했다. 이 연구팀이 개발한 것은 '패스트-페타제(FAST-PETase)'라는 돌연변이 효소로, 페트 플라스틱을 빠른 시간 안에 분해한다. 또 다른 방법이 없을까? 플라스틱을 다른 재료로 대체하려는 방법도 시도되고 있다. 특히 식물에서 얻은 셀룰로오스(cellulose) 같은 친환경 재료를 플라스틱 대신 사용하려는 방법이 연구되고 있다.

플라스틱 쓰레기를 기름으로 만들어 재활용

'플라스틱을 기름으로!'라는 말이 요즘 뜨고 있다. 비닐이나 플라스틱병을 모아서 기름을 만든다고? 얼핏 들으면 믿거나 말거나 그냥 해보는 농담처럼 들리기도 한다. 그러나 과학자들이 이미 이 기술을 개발했고 기업들이 대량생산하기 위한 계획을 발표하고 있으며 이를 지원하기 위한 법과 제도를 국가에서 만들고 있다.

플라스틱의 태생적 제조 과정을 보면 석유에서 얻은 원료 물질을 합성하여 만든다는 것을 알 수 있다. 그렇다면 이 과정을 거꾸로 해서 플라스틱을 분해하면 석유와 같은 기름으로 되돌아갈까? 화학적 원리로 보면 가능한 일이다. 이 방법이 화학반응에 따라 진행되기 때문에 플라스틱의 '화학적 재활용'이라고 한다.

잠시 개념을 정리해 보자. 플라스틱 쓰레기의 재활용 방법은 크게 기계적 재활용과 화학적 재활용으로 나뉜다. 기계적 재활용은 기계를 이용하여 플라스틱을 분쇄하고 녹여서 재활용하는 것이다. 현재 우리나라에서 분리 수거하여 재활용하는 것이 이 방법이다. 화학적 재활용은 열분해 같은 화학 공정을 이용해서 플라스틱 분자를 분해하여 기름으로 만들어서 재활용하는 방법이다. 이렇게 만든 기름은 연료로 사용하거나 부가가치가 높은 화학물질 원료로 사용할 수 있다.

최근 화학적 재활용 방법으로 플라스틱 쓰레기를 처리하기 위한 작업에 기업들이 뛰어들고 있다. 2021년 SK지오센트릭은 우리나라에서는 최초로 플라스틱 쓰레기를 열분해하는 방식으로 기름을 생산했다. LG화학은 플라스틱 쓰레기를 이용하여 연간 2만 톤 규모의 기름 생산을 2024년에 시작할 계획이라고 밝혔다. 그리고 현대엔지니어링은 플라스틱 쓰레기를 이용해 고순도 청정 수소를 생산하는 시험을 진행하여 2021년에 성공했으며 2024년부터 상용 생산에 들어간다고 밝혔다. 이외에도 여러 국내 기업이 플라스틱 쓰레기를 이용한 기름 생산에 관심을 보이고 있다.

플라스틱을 기름으로 바꾸는 비법은 무엇일까? 큰 통에 플라스틱 쓰레기를 잔뜩 넣고 불을 지펴서 가열하면 될까? 그러나 대부분 플라스틱은 가열하면 녹아서 액체가 되지만 식으면 다시 딱딱한 플라스틱이 되고 만다. 플라스틱을 기름으로 바꾸는 비법은 플라스틱을 구성하는 가늘고 긴 분자를 화학 공정을 통해 짧게 잘라 주는 데 있다. 플라스틱 분자는 머리카락처럼 매우 가늘고 길게 생겼으며, 매우 많은 수의 가늘고 긴 분자가 모여서 플라스틱 재료가 된다.

여기에 신기한 현상이 하나 숨어 있다. 물은 섭씨 0도에서 고체인 얼음이 되고 섭씨 100도에서 기체인 수증기가 된다. 즉, 온도에 따라 고체나 액체가 된다. 그런데 플라스틱은 분자의 길이에 따라 고체나 액체가 된다. 이제 눈치챘을 것 같다. 머리카락처럼 가늘고 긴 플라스틱 분자를 짧게 자르면 액체인 기름이 된다는 것을. 이렇게 분자를 잘라 주는 과정이 열분해나 가수분해 등과 같은 화학 공정이다. 열분해를 이용할 경우 보통 섭씨 350~500도의 열을 가하고, 그 과정에서 촉매제를 사용하기도 한다.

2020년 4월 《저널 오브 폴리머 사이언스(Journal of Polymer Science)》에 소개된 '고밀도 폴리에틸렌(High Density Polyethylene, HDPE)'의 화학적 재활용 방법을 보자. 고밀도 폴리에틸렌은 우유를 담은 하얗고 불투명한

플라스틱을 기름으로 바꾸는 화학적 재활용 과정을 나타내는 플라스틱 분자의 열분해 과정

플라스틱 통 또는 비닐봉지 등의 원료로 사용된다. 플라스틱 쓰레기 중에서 폴리에틸렌 제품을 분리하여 모으고 오염물을 씻은 후 섭씨 430도 반응조에 넣으면 열분해되어 38분 후에 기름이 만들어진다. 이렇게 얻은 기름을 정제하면 연료로 사용할 수 있다.

종합적인 문제 해결 방안

플라스틱 쓰레기와 관련한 사회적 문제는 다각도의 종합적 관점에서 바라보고 해결책을 마련하여 실천해야 한다. 다음과 같은 네 가지 관점에서 해결 방안을 마련할 필요가 있다.

첫째, 정책 수립과 법·제도의 마련이다. 일회용 플라스틱 사용 줄이기 및 재활용 장려와 지원을 위한 중장기적인 정책을 세우고 법·제도를 마련하여 시행하는 것이다.

둘째, 과학기술 연구개발과 산업 분야의 지원이다. 플라스틱의 화학적 재활용 같은 새로운 재활용 기술과 친환경 플라스틱의 연구개발 지원 및 개발된 기술을 산업에 적용하기 위한 실증 지원과 기업 지원 등이 지속해서 이루어져야 한다.

셋째, 시민 인식 개선과 교육 프로그램 운영이다. 일반 소비자의 생활습관과 인식 개선을 위한 캠페인과 시민단체 활동 지원이 필요하다. 또 어린이와 청소년을 대상으로 한 체계적인 교육 프로그램의 운영도 중요하다.

넷째, 지역 간 그리고 국가 간 협력 체계의 마련과 실천이다. 플라스틱 관련 문제는 특정 지역이나 나라에 국한된 것이 아니라 전 세계적인 쟁점이다. 따라서 국내의 지자체가 협력하고 다른 나라와도 협력하여 해결해 나가는 것이 현명한 방법이다.

지금까지 많은 해결 방안을 정부와 기관 및 시민단체 등에서 마련하여 시행해 오고 있다. 이제 이러한 해결 방안들을 서로 연결하여 유기적으로 확대 시행함으로써 플라스틱 쓰레기 문제를 더욱 효율적으로 해결해 나가야 할 때다.

2022년 2월 세계 175개국이 참석한 제5차 유엔환경총회에서 국제사회가 플라스틱 오염 문제 해결을 위해 2024년 말까지 플라스틱 전 수명 주기의 구속력 있는 최초의 국제 협약을 제정하는 것에 합의했다. 지금까지 일회용 플라스틱과 미세플라스틱 등 플라스틱 사용에 따른 환경오염 문제를 개인이나 각 나라에서 자체적으로 노력하도록 두었다. 그러나 이는 지구 전체의 문제로 나라와 나라가 협력하여 함께 해결해야 한다. 이러한 국제사회의 노력으로 플라스틱 쓰레기로 몸살을 앓고 있는 지구가 다시 건강해지기를 바란다.

또 이 문제를 국가에만 맡겨 둘 것이 아니라 개개인이 일상생활에서 조금은 불편하겠지만 플라스틱 사용량을 줄이려는 작은 실천을 해 나가는 것이 중요하다. 지구를 건강하게 만드는 친환경 습관을 생활 속에서 실천해 보자.

블루카본,
바닷가 생태계의 탄소 창고를 지키려면?

 '탄소'가 난리다. '탄소세', '탄소 중립', '탄소발자국', '탄소 저감' 등 탄소를 둘러싼 뜨거운 쟁점으로 세계가 떠들썩하다. 점차 심각해지고 있는 지구온난화에 따른 '기후 위기' 때문이다. 요즘 국제적 상황을 보면 기후 위기 대응을 위해 단순히 환경운동 캠페인을 벌이는 것을 넘어서 구체적인 규제를 만들어 강제적인 실천을 요구하는 상황으로 바뀌고 있다.

 예를 들어 온실가스 배출을 줄이자는 권고에서 탄소를 배출하는 화석연료의 사용량에 따라 세금을 부과하는 '탄소세', 기업의 탄소 배출 허용량을 제한하고 배출권을 사고팔 수 있도록 하는 '배출권거래제도' 등을 논의하고 실행하는 단계로 나아가고 있다. 이를 통해 대기 중으로 배출되는 이산화탄소 같은 온실가스량을 억제하려는 것이다.

 기후 위기는 전 지구적인 문제이기 때문에 여러 나라가 협력하여 머리를 맞대고 해결 방안을 찾아서 실천을 다짐하고 있다. 2021년 10월

31일에 열린 주요 20개국(G20) 회의에서 지구 평균기온 상승 폭을 산업화 이전 대비 섭씨 1.5도 이내로 억제하자는 데 참석한 정상들이 뜻을 모았다. 이외에도 글로벌 기후 위기에 대응하기 위한 많은 노력이 우리나라를 포함한 여러 나라에서 진행되고 있다.

최근 지구온난화의 주범인 이산화탄소 문제를 해결할 수단으로 '블루카본(Blue Carbon)'이 주목받고 있다. 블루카본이 나날이 더워지는 지구를 다시 시원하게 만들 수 있을까? 이제 블루카본을 만나 보자.

모래주머니를 바다에 던져라!

2021년 봄 호주 남부 해안가에 모래주머니를 쉴 새 없이 바다로 던지는 사람들이 나타났다. 그들은 모래가 담긴 생분해성 자루 5만 개를 바다에 던져 넣어서 세계적 화젯거리에 올랐다. 그들은 남호주연구개발기관(South Australia Research and Development Institution, SADRI)의 과학자들인데 지구온난화를 줄이기 위한 목적으로 모래주머니를 바다에 던졌다. 이 모래주머니 안에는 모래와 바다풀(해초) 묘목이 들어 있었다. 그들은 마치 열이 펄펄 나는 아기에게 해열제를 먹이듯 바다에 모래주머니를 던져 넣었다. 그런데 그 모래주머니를 바다에 던진다고 지구온난화 현상에 영향을 주어 지구가 다시 시원해질까?

그들의 주장은 이렇다. 연안에 모래주머니를 던지면 자루 속 모래에서 바다풀이 자라나고 그 바다풀이 이산화탄소를 흡수하여 저장한다. 그렇게 바다풀이 이산화탄소를 흡수하면 지구온난화를 일으키는 이산화탄소량이 감소한다. 숲의 나무가 이산화탄소를 흡수하는 것처럼 바닷속 바다풀도 이산화탄소를 흡수한다. 같은 면적의 산림과 비교할 때 바

바다풀이 자라는 해양 생태계는 소중한 이산화탄소 저장창고다.

다풀이 자라는 연안의 해양 생태계가 10배나 더 많은 이산화탄소를 흡
수한다.

이 과학자들은 블루카본과 관련된 작업으로 호주 정부의 지원을 받
아 '블루카본 프로젝트'를 진행하는 중이다. 남호주 정부는 수년 내에
10헥타르(축구장 13개 크기)의 바다숲 생태계를 복원할 계획이라고 한다.
이렇듯 호주는 땅에 나무를 심듯이 바다에 모래주머니를 던져 바다숲
을 복원하려고 블루카본 프로젝트를 지원하고 있다.

카본 삼형제, 블랙카본 / 그린카본 / 블루카본
지구온난화와 관련된 탄소(Carbon)는 '블랙(Black)카본', '그린(Green)카본',
'블루카본' 등 색깔로 구분한다. 이 세 가지 카본 중에 블랙카본은 지구
온난화가 심해지게 하는 데 반해, 그린카본과 블루카본은 공기 중의 이
산화탄소를 흡수하여 저장함으로써 지구온난화가 심해지지 않게 한다.

블랙카본은 석유와 석탄 같은 화석연료를 사용함으로써 공기 중으로 배출되는 이산화탄소 형태의 탄소다. 그린카본은 육지의 식물이 공기 중 이산화탄소를 흡수하여 저장하는 탄소다. 아마존 열대 밀림과 시베리아 침엽수림을 비롯하여 육상의 다양한 식물은 광합성으로 이산화탄소를 흡수하여 저장한다. 그리고 블루카본은 바다풀, 염습지, 맹그로브와 같은 해양 생태계가 흡수하는 탄소다. 그러니까 푸른 바다가 이산화탄소를 흡수한다는 의미로 블루카본이라고 한다.

블루카본은 땅과 바다가 만나는 연안의 해양 생태계가 흡수하여 저장하는 탄소를 가리킨다. 여기서 말하는 연안의 해양 생태계란 갈대나 칠면초 같은 염생식물이 자라는 바닷가 갯벌로 새와 물고기를 비롯한 다양한 생물이 살아가는 곳이다. 그리고 맹그로브란 열대나 아열대 지역에서 바닷물이 밀려드는 해안 갯벌에서 자라는 수목이다. 맹그로브는 호주, 인도네시아, 말레이시아, 멕시코, 브라질, 인도 등 전 세계 105개 정도의 나라에서 자란다. 우리나라에는 맹그로브가 없다.

환경오염을 일으키는 블랙카본(공장 매연, 왼쪽)과 환경을 보호하는 블루카본(맹그로브, 오른쪽)

블루카본이라는 개념은 2009년에 발표한 유엔과 세계자연보전연맹 (International Union for Conservation of Nature, IUCN)의 보고서에 처음 등장한다. 이처럼 블루카본이란 개념은 등장한 지 십여 년 정도밖에 되지 않았지만, 지구온난화 문제 해결을 위해 많은 나라가 블루카본의 중요성을 인식하고 있다. 블루카본은 2019년 유엔 산하 '기후변화에 관한 정부 간 협의체'에서 온실가스를 줄이는 방법으로 공식 인정을 받았다.

이산화탄소, 어떻게 흡수하여 제거할까?

인류가 석탄과 석유 같은 화석연료를 계속 사용함으로써 공기 중으로 배출되는 이산화탄소의 양이 많이 증가하고 있다. 이렇게 배출된 이산화탄소는 지구 온도를 계속 높이고 있어 지구온난화가 날로 심해지고 있다.

전 세계 이산화탄소 배출량이 2022년 한 해에 368억 톤으로 최고치를 나타냈다고 국제에너지기구(International Energy Agency, IEA)가 밝혔다. 코로나19로 인해 2020년 한 해에 340억 톤으로 줄었다가 최근 다시 증가한 수치다. 세계에서 연간 이산화탄소를 가장 많이 배출하는 나라는 중국과 미국이다.

2019년 배출 현황을 보면 중국은 전 세계 이산화탄소 배출량의 4분의 1이 넘는 양을 배출했고, 미국은 전 세계 배출량의 11퍼센트 이상에 해당하는 양을 배출했다. 그러나 1850년부터 최근까지 배출한 이산화탄소량을 보면 미국이 5090억 톤이고 중국이 2840억 톤으로, 미국이 중국보다 2배 이상 더 많은 이산화탄소를 배출했다. 이후 중국에서 경제성장이 진행되면서 이산화탄소 배출량도 함께 증가하여 2006년에 미국을 앞질러 세계 1위의 이산화탄소 배출 국가가 되었다.

화석연료(석탄과 석유)의 사용으로 이산화탄소 배출이 증가하고 있다.

그러나 이 두 나라 사이에는 또 한 번의 반전이 있다. 중국의 인구는 14억 명, 미국의 인구는 3억 4천만 명 정도다. 따라서 1인당 온실가스 배출량을 보면 2019년 중국은 연간 10.1톤인 데 비해 미국은 연간 17.6톤이었다. 그러니까 한 사람이 배출하는 온실가스량은 미국이 중국보다 훨씬 많다.

지구온난화를 일으키는 이산화탄소 문제의 해결 방법으로는 이산화탄소의 배출량을 줄이는 방법과 이미 공기 중으로 배출된 이산화탄소를 흡수하여 제거하는 방법이 있다. 두 번째 방법은 마치 옷장 안의 습도를 낮추기 위해 사용하는 습기 제거제의 작용과 비슷하다. 옷장 안 공기 중에 있는 물 분자를 흡수하여 통 안에 액체 물로 저장해 두는 것이 습기 제거제다. 이처럼 공기 중으로 많이 배출된 이산화탄소를 다시 흡수하여 제거하는 방법을 살펴보자.

우리 주변의 나무와 풀이 바로 이산화탄소를 흡수하여 저장하는 작용을 한다. 식물은 광합성을 위해 뿌리에서 물을 흡수하고 잎에서 공기 중의 이산화탄소를 흡수한다. 이렇게 흡수한 이산화탄소는 광합성 과정에서 포도당을 만드는 재료로 사용되어 식물체에 저장된다. 물론 엄밀히 따지면 식물의 광합성은 단순히 이산화탄소 분자를 식물체에 저장하는 것이 아니라 광합성 반응으로 포도당이라는 물질을 합성해서 저장하는 것이다. 그렇지만 공기 중에 있는 탄소를 가져와 저장한다는 사실은 같다.

과학자들은 공기 중의 이산화탄소를 흡수하여 제거하기 위한 다양한 소재와 장치를 연구하여 만들고 있다. 옷장 안의 습기 제거제처럼 공기 중의 이산화탄소를 흡착하여 붙잡아 제거하는 재료도 개발되어 있다. 최근 과학자들은 블루카본을 이용하여 공기 중의 이산화탄소를 붙잡아 저장하는 방법도 활발히 연구하고 있다.

해양 생태계, 온실가스의 저장창고

지구 표면의 약 70퍼센트를 바다가 덮고 있다. 바다는 지구 기후 환경을 조절하는 중요한 역할을 한다. 밤낮의 일교차가 크지 않도록 해주고 바닷물이 증발하여 구름과 태풍이 만들어져 비가 내리도록 하는 역할도 한다. 그뿐만 아니라 공기 중의 이산화탄소를 흡수하여 저장하는 기능도 있어 바다가 지구온난화를 감소시키는 중요한 역할을 실제로 하고 있다.

최근 육지의 숲이 이산화탄소를 흡수하는 것처럼 해양 생태계가 이산화탄소를 흡수하는 중요한 역할을 하는 것이 밝혀지면서 이와 관련된 연구와 해양 생태계 보존을 위한 노력이 여러 나라에서 진행되고 있다.

국제원자력기구(International Atomic Energy Agency, IAEA)에 따르면, 지난 100년 동안 대기 중으로 배출된 전체 이산화탄소량의 4분의 1을 바다가 흡수했다. 그리고 유엔과 세계자연보전연맹에 따르면, 육상 생태계에 비해 해양 생태계가 이산화탄소를 흡수하는 속도가 최대 50배나 빠르다. 연안 해양 생태계는 해저 면적의 0.5퍼센트 정도이지만, 탄소 저장량의 70퍼센트 정도를 차지하고 있다.

육상 생태계가 흡수하는 그린카본과 해양 생태계가 흡수하는 블루카본의 탄소 저장능력을 비교해 보면 이렇다. 그린카본은 식물체(뿌리, 가지, 잎 등)의 유기물에 저장되는 것과 토양에 저장되는 것으로 구분할 수 있다. 식물체에 저장한다는 것은 식물이 이산화탄소를 흡수하여 광합성을 통해 유기물로 저장한다는 뜻이다. 그리고 토양에 저장한다는 것은 탄소가 땅속 퇴적층에 저장되는 것을 말한다. 식물체에 저장된 탄소는 수십에서 수백 년 정도, 토양에 저장된 탄소는 수천 년 동안 유지된다.

해양 생태계가 탄소를 저장하는 과정을 보자. 공기 중의 이산화탄소를 염습지와 갯벌의 바다풀이 흡수하고 저장한다. 그리고 연안의 땅속 최대 8미터 깊이까지 탄소를 장기간 저장한다. 바다는 정말 거대한 이산화탄소 저장고다.

파괴되는 연안 생태계의 복원

전 세계 기후 위기 대응을 위해 온실가스를 흡수하는 식물이 많아야하는데 밀림과 숲이 파괴되고 있다는 안타까운 뉴스를 종종 듣는다. 그뿐만 아니라 해양 생태계도 매년 파괴되고 있다.

글로벌 블루카본 단체(The Blue Carbon Initiative)에 따르면, 블루카본과 관련된 해양 생태계가 매년 34만~98만 헥타르 정도씩 파괴되는 실정이다. 이는 매년 서울 면적(6만 500헥타르)의 5배에서 16배 정도 되는 바닷가 생태계가 사라지고 있다는 뜻이다. 또 지난 50년 동안 전 세계 맹그로브의 30~50퍼센트가 파괴되었다. 그뿐만 아니라 전 세계 바다풀 서식지는 최초 보고된 1879년에 비해서 약 29퍼센트 감소했다.

더욱 심각한 점은 이것들의 감소 속도가 1990년대 이후 7배나 빨라졌다는 것이다. 그 원인으로 인위적인 개발과 기후변화 등이 꼽히고 있다. 이처럼 파괴되고 있는 해양 생태계를 다시 살리기 위한 블루카본 프로젝트가 호주, 브라질, 덴마크, 프랑스, 스웨덴, 뉴질랜드, 미국, 인도 등 여러 나라에서 진행되고 있다.

우리나라 블루카본

우리나라는 삼면이 바다에 접하고 있어 해양 생태계가 매우 다양하다. 세계 5대 갯벌에 속하는 서남해안 갯벌을 포함하여 여러 갯벌이 있는데, 이 갯벌이 이산화탄소를 많이 흡수하는 것으로 밝혀졌다. 한국해양과학기술원 등 10개 기관이 2017년부터 4년 동안 조사한 국내 갯벌의 이산화탄소 흡수량은 다음과 같다. 국내 연안 습지가 매년 흡수하는 이산화탄소의 양을 보면 갯벌 48만 4506톤, 염습지 8,313톤, 잘피림(바닷물에서 꽃을 피우는 거머리말과 새우말 등 현화식물의 군락지) 7,733톤 등 총 50만 452톤이다.

이처럼 우리나라 갯벌이 연간 흡수한 이산화탄소의 양은 30년 된 소나무 7340만 그루가 흡수하는 이산화탄소의 양과 비슷하며, 자동차 20만 대가 배출하는 이산화탄소를 흡수하는 것과 같다. 이제 이렇게 소중한 해양 생태계를 잘 보존하고 가꾸는 일이 남았다.

해양수산부는 2021년에 개최된 '2021 P4G(Partnering for Green Growth

and the Global Goals)' 정상회의 해양특별세션에서 2050년에 블루카본으로 100만 톤 이상의 온실가스를 흡수하겠다는 계획을 발표했다. 이를 위해 갯벌 복원과 바다숲 조성 등을 해 나갈 계획이다. 좀 더 구체적으로 보면, 우리나라는 2050년에 블루카본 흡수량 136만 2000톤을 목표로 하고 있다. 이를 위해 갯벌과 연안 습지 식생 복원, 바다숲 조성, 굴 껍데기 재활용 등을 진행할 계획이다.

2022년 해양수산부는 중장기적으로 블루카본 자원 확대를 위한 구체적인 계획도 발표했다. 2022년부터 4개 지역에서 갯벌 식생 복원을 시작하여 단계적으로 확대해 나감으로써 2050년까지 660제곱킬로미터의 염습지를 조성할 계획이다. 그리고 2030년까지 540제곱킬로미터의 바다숲을 조성해서 바다 사막화에 대응할 계획이다.

바다 사막화에 대응하기 위한 바다숲 조성이 필요하다.

온실가스 배출에 따른 지구온난화와 기후변화가 심해지면서 온실가스 감축에 세계 각국이 적극적으로 나서고 있다. 최근 미국과 호주를 비롯하여 세계 28개 국가가 연안 습지를 통해 이산화탄소를 흡수하는 블루카본을 온실가스 감축의 수단으로 활용하고 있다.

해안가 도로를 달리다 보면 차창 너머로 버려진 땅과 같은 갯벌이 가끔 보인다. 그저 잡초가 자라고 바닷물이 주기적으로 드나드는 쓸모없는 땅이라고 생각할 수 있지만, 그곳을 터전으로 삼아 살아가는 식물과 동물이 많다. 그뿐만 아니라 갯벌은 온실가스를 흡수하여 저장하는 소중한 역할을 하는 보물창고다. 그저 척박하게 보일지라도 그 안에 담긴 보석 같은 소중한 역할을 기억하고 바닷가 해양 생태계에 좀 더 관심을 가지고 잘 보존해야 한다.

미생물 연료전지,
세균이 만든 전기로 휴대폰을 충전해도 될까?

세균에 전기를 걸면 끌려올까? 미국에서 연구할 때 나는 이것이 무척 궁금했다. 세균은 작지만 엄연히 살아 있는 생명체인데, 마치 모래 속 철가루를 자석으로 끌어당기는 것처럼 전기를 가한다고 한쪽으로 끌려올까? 전기를 가해서 세균을 끌어당겨 한쪽으로 모으려면 어떻게 해야 할까? 만약 그렇게만 된다면 식중독을 일으키는 살모넬라, 리스테리아, 대장균 등과 같은 세균을 전기를 가해 검출할 수 있는 획기적인 기술을 개발할 수 있으리라고 생각했다.

이러한 나의 연구 계획을 듣고 오랫동안 식중독균을 연구한 연세 많은 미국 교수님은 말도 안 되는 계획이라며 시간 낭비하지 말고 다른 연구를 해보라고 권했다. 그렇지만 나는 호기심을 참지 못하고 용기를 내어 실험에 돌입했다. 그리고 얼마 후 세균들이 담긴 용액에 전기를 가하자 세균들이 슬금슬금 양극으로 끌려오는 것을 두 눈으로 확인했다. 살아 있는 세균의 세포막은 미세하지만 음극을 띠고 있어 전기를 가하자 양극으로 끌려왔던 것이다. 이처럼 세균은 전기에 반응한다.

최근 작은 상자에 세균을 넣고 먹이를 주면서 매일 전기를 생산하도록 하려는 과학자들이 늘어나고 있다. 전기뱀장어가 수백 볼트의 전기를 만들어 낸다는 이야기는 들어 봤어도 세균이 전기를 생산한다는 이야기는 들어 보지 못한 사람이 많을 것이다. 이번 여행에서는 전기를 만드는 세균을 만날 것이다. 신기하게도 이 세균은 폐수와 오줌을 이용해서 전기를 만든다. 이제 전기를 만드는 세균과 이를 연구하는 과학자를 만나 보자.

전기를 만드는 세균과 미생물 연료전지

세균 같은 미생물이 전기를 만들 수 있다는 사실은 100여 년 전에 밝혀졌다. 1911년 영국의 식물학자이자 균류학자 마이클 크레세 포터(Michael Cressé Potter)가 포도주나 맥주를 만들 때 사용하는 효모(*Saccharomyces cerevisiae*)를 이용해서 전기를 생산한 것이 미생물 연료전지 연구의 시작이

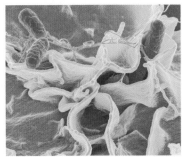

전자현미경으로 본 살모넬라(왼쪽)와 효모(오른쪽)

다. 1931년 미국의 세균학자 바넷 코헨(Barnett Cohen)이 반쪽 미생물 연료전지를 만들어 전류 2밀리암페어와 전압 35볼트의 전기를 생산했다. 이렇게 시작된 미생물 연료전지는 21세기에 접어들면서 폐수 처리에 활용되기 시작했다.

미생물 연료전지(Microbial Fuel Cell)는 세균 같은 미생물을 이용하여 화학에너지를 전기에너지로 바꾸는 장치다. 쉽게 말하면 작은 상자에 세균을 넣고 달콤한 먹이를 주면서 전기를 생산하도록 하는 장치다. 이 장치는 양극 구역과 음극 구역, 그사이에 양이온 교환막으로 구성되어 있다. 그리고 두 구역에 각각 양극과 음극 전극이 있으며 이 전극들이 외부 도선에 연결되어 있다.

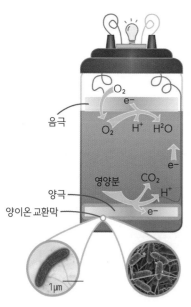

세균이 가득 담긴 통에 전극을 꽂는다고 전기가 만들어지는 것이 아니다. 세균이 전기를 생산하도록 조건을 맞춰 줘야 한다. 세균은 산소가 충분한 조건에서 달콤한 당을 먹고 잘 소화한 다음 이산화탄소와 물로 바꿔 버린다. 이것으로 끝이다. 그러니까 전기가 만들어지지 않는다. 그렇지만 산소가 없는 조건에서 세균은 당을 먹고 이산화탄소와 양성자 및 전자를 만들어 낸다. 바로 이 것이다. 이렇게 만들어진 전자를 금속 도선으로 이동시키면 바로 전기가 생산되는 것이다.

세균이 계속 전자를 만들어 내게 하려면

음극

양극
양이온 교환막

1μm

토양을 기반으로 한 미생물
연료전지

양극과 음극 구역의 산화환원반응 조건을 맞춰 줘야 하며, 양이온 교환막을 통해 양이온을 반대편 음극 구역으로 이동시켜 줘야 한다. 그리고 전극을 이용해서 세균이 만든 전자를 붙잡아 외부 회로로 이동시키는 것도 중요하다. 이처럼 미생물 연료전지의 여러 구성 요소가 최적화되어야 전기가 잘 만들어진다.

전기를 만드는 세균은 대장균(*Esherichia coli*), 에어로모나스 하이드로필라(*Aeromonas hydrophila*), 지오박터 메탈리레듀센스(*Geobacter metallireducens*), 슈와넬라 푸트레파시엔스(*Shewanella putrefaciens*) 등이다.

세균이 만든 전기는 진짜 전기일까?

우리가 사용하는 전기는 화력발전, 원자력발전, 태양전지, 풍력발전 등으로 만든다. 그렇다면 살아 있는 동물이나 세균이 만든 전기도 우리가 사용하고 있는 전기와 똑같을까?

2017년 코엑스 아쿠아리움에서 전기뱀장어를 이용한 행사가 진행되었다. 전기뱀장어 네 마리가 있는 수조 옆에 크리스마스트리가 설치되었고, 전기뱀장어가 찌릿찌릿 전기를 만들어 내자 수조와 연결된 크리스마스트리의 전구가 반짝반짝 빛났다.

최근 영국 웨스트민스터대학의 고드프레이 카아제 교수는 자신의 연구실에서 세균이 만든 전기로 신기한 광경을 연출했다. 세균이 들어 있는 미생물 연료전지 옆에 작은 크리스마스트리를 세워 놓고 세균이 만든 전기를 연결하자 LED 전구에 불이 들어왔다.

이로써 전기뱀장어와 세균이 만든 전기가 우리가 사용하는 전기와 같다는 것을 눈으로 확인할 수 있다. 카아제 교수는 미래의 전기 생산에서 세균 같은 미생물을 이용해서 전기를 만드는 것은 혁신적인 일이라고 말했다. 그는 지금은 미생물 연료전지로 크리스마스트리의 LED 전구나 작은 전자기기를 작동할 수 있지만, 앞으로 기술이 더 발달하면 더 큰 규모의 전기 생산도 가능하다는 말도 덧붙였다.

사실 바로 앞에서 얘기한 세균과 전기뱀장어가 만든 전기를 이용하여 크리스마스트리의 전구를 밝힌 일은 일반인을 위한 것이었다. 실제로 세균을 이용하여 미생물 연료전지를 연구하는 과학자는 전기화학 측정기기를 이용하여 전류와 전압 등 주요 연료전지 요소들을 측정하고 분석하여 논문으로 발표한다. 세균이 전기를 만드는 최적의 조건을 찾기 위해 여러 요소를 하나씩 바꿔 가며 전기화학 신호를 측정해서 과학적으로 분석한다. 이와 같은 과정을 통해 최적 조건에 맞춰서 점차 생산하는 전기에너지의 양을 늘려 가고 있다.

오줌을 이용한 휴대폰 충전

냄새 나는 오줌으로 전기를 만든다고? 그렇다. 바로 이 이야기를 하려고 한다. 오줌은 해로운 것과 쓸모없는 것이 잔뜩 있는 배설물이다. 그런데 2016년 영국의 배스대학 CSCT 연구팀은 오줌을 이용해 전기를 생산하는 작은 연료전지를 개발했다.

오줌을 연료전지에 넣으면 그 안에 있던 세균이 직접 오줌 속의 유기물을 분해하여 전기를 생산한다. 미생물 연료전지 하나에 세제곱미터당 2와트를 생산할 수 있어 휴대폰 같은 전자기기를 충전하는 데 이용할 수 있다고 한다. 이 연구팀은 계속해서 이 미생물 연료전지의 성능을 높이기 위한 연구를 이어가고 있다. 오줌을 이용해 전기를 만든다고 전기에서 오줌 냄새가 나지는 않을 테니, 신기하고 쓸모있는 좋은 방법인 것 같다.

전기를 많이 만들려면 많은 양의 오줌이 필요하다. 그렇다면 축제에서 많은 사람의 오줌을 모아서 전기를 만들면 되지 않을까? 실제로 영국에서 그런 일이 있었다. 영국에서 개최되는 세계적인 음악 및 행위예술 축제인 글래스턴베리 페스티벌에서 있었던 일이다. 영국의 브리스틀 웨스트잉글랜드대학 연구팀은 2015년부터 수년간 글래스턴베리 페스티벌에 참가해 축제에 온 사람들이 화장실에서 볼일을 본 소변을 모아 전기를 만들었다. 축제에 참여한 사람들의 소변을 5일 정도 모아서 전기 300와트시(Wh)를 생산한 것이다. 이렇게 생산한 전기는 전구를 밝히거나 휴대폰 등 여러 전자기기 충전에 사용했다고 한다.

영국의 글래스턴베리 페스티벌(2023년)

오줌을 이용하여 전기를 생산하는 기술은 2019년 피-파워 시스템 (PEE POWER system)이라는 이름으로 상용화되었다. 피-파워는 말 그대로 오줌을 이용해서 전기를 만드는 시스템이다. 축제에서 피-파워 시스템으로 생산한 전기를 이용하여 야간에 불을 밝혔다.

이 기술이 좀 더 발전하여 보급된다면 학교나 빌딩의 공중화장실에서 모은 오줌으로 전기를 만드는 것이 가능해진다. 미래에는 우리 집 화장실에서 아침에 시원하게 볼일을 보고 난 뒤 바로 전기를 만드는 일도 가능할 것이다. 이렇게 되면 화장실이 발전소로 변하는 신기한 일이 일어나지 않을까.

폐수를 이용한 전기 생산

집과 학교, 음식점, 빌딩 등에서 사용하고 버려지는 폐수 속에는 음식 찌꺼기를 비롯하여 온갖 더러운 물질이 가득하다. 그런데 온갖 오물이 섞인 폐수를 세균은 좋아한다. 바로 폐수 속에 포함된 각종 유기물이 세균의 먹이이기 때문이다. 따라서 폐수를 세균에게 넣어 주어 그 속의 유기물을 분해하도록 하면 폐수 처리비용을 아낄 수 있다. 또 이 과정에서 전기도 생산할 수 있다면 그야말로 일석이조다.

이와 같은 연구를 과학자들이 진행하고 있는데, 대부분 실험실에서 인위적으로 만든 폐수를 이용하여 연구한다. 진짜 폐수가 아닌 실험실에서 만든 폐수 비슷한 용액을 만들어 실험한다는 뜻이다. 사실 세균이 폐수를 이용해서 전기를 만드는 기초적인 기술을 개발하려면 진짜 폐수가 아닌 실험실에서 만든 폐수 비슷한 용액을 사용하는 것이 훨씬 더 장점이 많다. 그렇지만 실제로 사용하려면 진짜 폐수를 넣고 세균이 폐수

속의 오염물질을 분해하고 전기도 만드는지 봐야 한다. 혹시라도 전기를 만들기는커녕 폐수를 넣자마자 세균이 몽땅 죽어 버릴 수도 있으니 세심히 지켜봐야 한다.

그리고 기술을 개발하는 연구 단계에서는 작은 크기의 미생물 연료전지를 만들어 실험하고, 여러 조건을 바꿔 가며 기술을 발전시키는 것이 여러모로 좋다. 나중에 실제 폐수 처리 현장에서는 대규모 장치로 만들어 사용해야 많은 양의 폐수를 처리하고 전기도 많이 만들 수 있다. 따라서 실험실에서 작은 크기로 만든 미생물 연료전지를 큰 규모의 현장용 미생물 연료전지 장치로 만들기 위한 연구개발도 추가로 필요하다.

진짜 폐수를 미생물 연료전지에 넣어 폐수 처리와 함께 전기를 생산하는 연구가 2000년대부터 시작되었다. 2007년 호주 퀸즐랜드대학 연구팀은 미생물 연료전지를 이용하여 10리터의 폐수를 처리하는 실험을 시범적으로 진행했다. 이 연구팀은 미생물 연료전지를 이용하여 폐수를 이산화탄소와 깨끗한 물로 바꿨으며 전기도 생산했다.

최근 미국 펜실베이니아에서 미생물 연료전지로 가정에서 발생한 폐수를 처리한 일도 있었다. 850리터의 폐수를 처리하기 위해서 양극 전극의 표면 크기가 20제곱미터에 이르는 미생물 연료전지를 만들어 폐수 처리 시설에 장착했고, 그 결과 분당 3.79리터의 폐수를 처리했다. 이처럼 21세기 초반부터 미생물 연료전지를 폐수 처리에 이용하여 좋은 성과를 얻고 있다. 이 기술을 대규모 폐수 처리 시설에 사용하기 위한 연구도 앞으로 계속 진행될 것이다.

전기가 없는 세상은 상상할 수 없다. 우리 주변에는 전기로 작동하는 물건이 가득하다. 전기를 친환경적이고 깨끗한 에너지라고 생각하기 쉽다. 그러나 대부분의 전기는 화석연료를 태우거나 원자력발전으로 생산된다. 이 과정에서 발생하는 온실가스와 원전폐기물은 환경을 파괴한다. 친환경적이고 지속 가능한 에너지원으로 풍력발전과 태양광발전 등의 사용을 확대하고 있지만 한계가 있다.

친환경적이면서 전기에너지를 생산할 수 있는 미생물 연료전지 기술은 미래에 다양하게 사용될 것이다. 여기에 사용되는 미생물은 특별한 것이 아니라 주변에 있는 일반적인 세균이다. 또 오염물질이 가득한 폐수나 오줌을 이용한 미생물 연료전지는 폐수 처리와 함께 전기도 만들 수 있으니 더욱 좋다.

3부

새로운 먹거리

미래 음식과
맛의 과학

스마트팜,
인공지능이 농사지은 쌀의 맛은 어떨까?

인공지능과 로봇이 농사지은 쌀로 만든 밥이 식탁 위에 올라올 날이 머지않았다. 인공지능이 농사지은 쌀로 만든 밥은 어떤 맛일까? 손발이 없는 인공지능이 어떻게 농사를 짓냐고 생각한다면, 이제 그 생각을 바꿔야 할 때가 되었다. 의사처럼 환자를 돌보고 주식투자도 해주고 그림도 그리는 인공지능이 얼마 전 농사를 짓겠다며 귀농했다.

이번 여행에서는 농부를 대신해서 농사짓는 인공지능과 드론 및 로봇을 만날 것이다. 미래를 배경으로 하는 영화에서나 볼 것 같지만 벌써 우리 농촌에 인공지능 기술이 들어가 작지만 놀라운 변화를 일으키기 시작했다.

유엔은 21세기 중반에 세계 인구가 97억 명 정도일 것으로 예상하는데, 문제는 이 많은 사람이 먹을 식량이다. 세계 인구는 계속 증가하지만, 기후변화로 농사짓기는 점점 힘들어지고 있다. 설상가상으로 코로나19 같은 신종 감염병의 발생으로 많은 나라가 어려운 상황에 놓이기도 한다. 2022년 러시아와 세계 곡창지대라는 우크라이나 사이에 전쟁이 일어나자 세계 여러 나라는 우크라이나에서 곡물을 수입하지 못해 식량 부족 문제가 불거졌다. 이처럼 전쟁이나 분쟁으로 인해 식량문제가 심각한 위기에 처할 수 있다.

식량안보에 관한 문제는 매우 중요한 현실적인 문제로 부상했다. 이러한 식량문제를 인공지능이 해결할 수 있을까? 이제 스마트팜에서 일하는 인공지능과 드론을 만나 보자.

미리 만나 보는 미래 농촌 풍경, 스마트팜

스마트팜 농부 안흥부 씨의 하루를 보자. 오늘 안흥부 씨는 벼가 자라는 넓은 논에 농약을 치려고 준비하고 있다. 그는 스마트패드를 꺼내 손가락을 움직여 드론을 하늘 위로 띄웠다. '부우웅~' 하는 소리와 함께 드론이 하늘 높이 날아올라 논을 향해 나아갔다. 안흥부 씨는 드론에 장착된 카메라를 통해 논의 벼 상태를 실시간으로 관찰한 후 잘 자라고 있는 벼를 보며 흐뭇한 미소를 지었다. 그리고 스마트패드로 드론을 조종하여 논에 농약을 뿌렸다. 인공지능 스마트팜 도우미가 지난 한 달간 논의 흙 성분과 수분 및 벼의 상태를 분석한 데이터를 이용해서 어떤 농약을 얼마나 뿌려야 하는지 알려 주었다.

벼가 한창 자라는 논에 농약을 뿌리는 드론

그래서 안흥부 씨는 이에 맞춰 드론으로 농약을 뿌렸다.

스마트팜(Smart farm)은 빅데이터, 인공지능, 무인 자동화 등의 융합기술을 접목하여 원격이나 자동으로 작물과 가축의 생육환경을 관리하는 지능화된 시설농장이다(정보통신기획평가원). 쉽게 말하면 경험이 많은 베테랑 농부에게 의존하지 않고 빅데이터와 인공지능 등의 디지털기술로 농사짓는 것이 스마트팜이다.

요즘 우리나라 농촌은 위기 상황이다. 농가 인구의 감소뿐만 아니라 고령화가 심각하다. 통계청이 발표한 우리나라 농촌의 현실은 다음과 같다. 농가 인구는 1970년 1442만 명에서 2019년 224만 명으로 1218만 명(-84.4퍼센트) 감소했다. 전체 인구 중 농가 인구가 차지하는 비중도 1970년 45.9퍼센트에서 2019년 4.3퍼센트로 큰 폭으로 감소했다. 그래도 2010년에는 300만 명 이상이었으나 2018년에는 220만 명 이하가 되었다.

여기에 저출산에 따라 태어나는 아이는 감소하고 점점 노인 인구가 증가하고 있다. 농촌의 고령 인구(65세 이상) 비율은 2016년 40.3퍼센트에서 2019년 46.6퍼센트로 높아졌다. 이제 농촌에 사는 사람의 절반이 65세 이상 노인이라는 뜻이다. "벼는 농부의 발걸음 소리를 들으며 자란다"라는 말처럼 농사짓는 일은 발품을 많이 팔아야 한다. 그렇지만 우리 농촌의 현실은 젊은 사람이 떠나가고 노인만 남아 있어 농번기마다 일할 사람이 부족하다.

이러한 상황에서 최근 인공지능과 드론 같은 첨단기술이 농촌에 도입되어 스마트팜을 만들어 가기 시작했다.

스마트팜의 특징과 장점은 무얼까?

스마트팜은 다음과 같은 네 단계로 진행된다. 첫 번째는 관찰 단계로, 가축·농작물·땅(흙)·기후 등을 센서를 이용해서 측정한다. 두 번째는 진단 단계로, 각종 센서를 통해 수집한 데이터를 분석하고 이것을 기존에 확보한 데이터 분석으로 마련해 둔 플랫폼에 넣어 데이터를 비교해서 농작물과 가축의 상태를 진단한다. 세 번째는 결정 단계로, 개선해야 할 문제를 파악하고 인공지능을 이용해 이 문제를 어떻게 할 것인지 해결책을 제시한다. 마지막 네 번째는 실행 단계로, 최종 사용자인 농부가 제시된 해결책을 평가하고 행동에 들어간다.

비닐하우스에서의 채소 재배를 예를 들어 보자. 채소 상태를 센서로 관찰하다가 병충해가 발생한 것을 감지한다. 그리고 병충해의 종류와 심각한 정도를 파악하여 진단한다. 다음 단계로 이 문제를 해결하기 위해 어떤 농약을 얼마나 뿌려야 할 것인지를 조사하여 해결책을 내놓는다. 마지막으로 농부가 이 해결책을 보고 제시된 농약을 적정한 농도로 만들어 비닐하우스 채소에 뿌리면 된다.

스마트팜의 주요 장점은 다음과 같다. 먼저, 인공지능 기술을 적용함으로써 사람의 노동력이 적게 들고 에너지 비용도 많이 줄일 수 있다. 그다음으로, 농작물과 가축의 생육환경을 최적화함으로써 생산성과 품질을 최대로 끌어올릴 수 있다. 이에 더해서 낭비되는 에너지와 사료를 줄일 수 있어 친환경적인 방법이기도 하다. 결과적으로 농촌의 일손 부족 문제를 해결하고 소득 증대를 가져올 수 있는 새로운 농사법이다.

농사일은 추운 한겨울과 더운 한여름에 하기 힘들다. 그러나 스마트팜은 계절이나 지역에 상관없이 언제 어디서나 원하는 농작물을 키울 수

있는 농업기술이다. 그러니까 농작물이나 가축이 좋아하는 환경을 인공
지능과 센서 기술로 적절하게 맞춰 주기만 하면 계절과 지역에 상관없이
농작물과 가축을 키울 수 있다.

이러한 스마트팜은 농업, 축산업, 수산업, 임업 등 다양한 분야에 적
용할 수 있으며 농수축산물의 생산뿐만 아니라 가공과 유통에도 활용
할 수 있다. 이를 통해 생산량을 많이 늘리는 것뿐만 아니라 생산량을
조절하고 품질을 향상시킬 수도 있다.

인공지능이 관리하는 비닐하우스와 축사

비닐하우스의 농작물을 보자. 과학이 발달하면서 식물의 광합성 작용
과 생육에 필요한 필수영양소뿐만 아니라 여러 생육 조건이 자세히 밝
혀졌다. 따라서 비닐하우스에서 채소를 키울 때 이러한 식물의 생육 조
건을 최적화해 주면 생산성이 높아진다. 식물이 자라는 환경적인 요소
인 온도, 습도, 일사량, 이산화탄소, 배양액 농도, 산성도, 병충해 등을
센서를 이용해서 측정하고
기록하여 제어한다. 이렇게
수집된 데이터를 인공지능
으로 분석한 뒤 자동화 및
원격제어 기술을 적용한다.
이것이 스마트팜이다.

이제 소를 사육하는 축사
를 보자. 인공지능을 이용
해서 소의 상태를 분석하

비닐하우스에서 자라는 채소

여 적정한 양의 사료를 공급하는 '밀크티(Milk-T)' 기술을 씽크포비엘(THINK for BL)이 개발했다. 소의 사료 섭취량과 우유 생산량의 변화 및 소의 유전적 요인과 활동이나 수면 등의 상태를 파악한 뒤 이를 데이터로 저장한다. 그리고 인공지능으로 데이터를 분석하여 소에 필요한 최적의 사료량을 파악하고 소에게 공급하는 기술이다. 이렇게 함으로써 소비되는 사료량을 줄일 수 있고 우유 생산량을 늘릴 수 있어 경제적으로 이익이다. 그리고 소가 방귀와 트림으로 메탄가스를 배출하여 지구온난화가 심해지고 있는데 소가 사료를 적게 섭취함으로써 배출되는 메탄가스량도 줄어서 환경에도 좋다.

젖소의 젖을 짜는 로봇도 있다. 1995년 네덜란드 기업 렐리(Lely)가 세계 최초로 로봇 착유 시스템을 제품으로 내놨다. 렐리의 로봇 착유기는 세계 60개국에서 4만 대 이상 사용되고 있으며, 국내의 젖소 목장에서도 100대 이상이 사용되고 있다. 이 로봇 착유기는 우유 생산과 관리의 전 과정을 자동화함으로써 시간과 노동력을 줄여 주고 있다.

국내에서 렐리 로봇 착유기를 사용하는 농가들을 대상으로 조사한 결과, 로봇 착유기를 사용함으로써 우유의 양이 15퍼센트 정도 증가했다고 한다. 로봇 착유기를 사용하기 전에 젖소 한 마리당 우유의 양이 33킬로그램이었는데 로봇

소 축사에서 일하는 렐리 로봇

착유기를 사용한 뒤 우유의 양이 40킬로그램으로 20퍼센트나 증가한 목장도 있었다. 또 렐리는 스마트센서가 있는 밴드를 가축의 목에 매달아 가축의 건강 상태 데이터를 수집하고 가축의 행동 양식을 분석하여 이상이 발생하면 빨리 대처할 수 있도록 해주는 해법도 개발했다.

최근 가축 감염병을 예방하는 인공지능 기술이 우리나라 연구팀에 의해 개발되었다. 한국전자통신연구원(Electronics and Telecommunications Research Institute, ETRI) SDF융합연구단은 '아디오스(ADIOS)'라는 가축 방역 통합 운영 시스템을 개발했는데, 구제역의 확산 방지에 효과적이다. 구제역은 공기를 통해 호흡기로 전염되는 감염병으로 확산 속도가 워낙 빨라서 초기 대응이 아주 중요하다. 따라서 구제역에 걸린 가축을 빨리 찾아내어 확산을 방지해야 한다. 아디오스는 카메라를 통해 얻은 돼지의 활동성, 농장 환경, 사료 섭취량, 체온 등의 데이터를 실시간으로 받아 인공지능으로 분석해서 구제역 의심 징후를 빨리 찾아낸다. 다시 말해 구제역에 걸린 돼지의 이상 행동을 인공지능이 빨리 찾아내는 것이다. 이 기술은 구제역뿐만 아니라 여러 감염병을 조기에 발견하여 확산을 방지하는 데 이용할 수도 있다.

스마트팜, 첨단기술의 날개를 달다

농업이 역사적으로 어떻게 발달했고 앞으로 어떻게 변할지 살펴보자. 유럽농기계위원회는 농업기술의 발전을 '농업 1.0(Agriculture 1.0)'에서 '농업 5.0(Agriculture 5.0)' 등 다섯 단계로 구분한다. 농업 1.0은 1900년대 초반까지 진행된 노동집약적이고 생산성이 낮은 전통 농업 시기다. 농업 2.0은 1950년대 후반에 비료, 농약, 농기계 등을 활용한 녹색혁명으로 생산성이 크게 높아진 시기다. 농업 3.0은 1990년대 중반부터 GPS를 이용한 정밀농업이 적용된 시기다. 농업 4.0은 2010년 초반부터 ICT 기술, 인공지능, 빅데이터 등 디지털 기술이 적용된 스마트팜 시기다. 그리고 농업 5.0은 최근에 진행되고 있는 인공지능과 로봇을 이용한 무인 또는 자율 의사결정 농업 시스템이 적용되는 시기다. 이처럼 최근 들어 정보통신기술의 발전에 따라 농업이 빠르게 변화하고 있다.

고대 이집트 벽화의 소를 이용한 농사 장면(위)과 대규모 농장에서 트랙터를 이용하여 밀을 수확하는 장면(아래)

스마트팜에 적용되는 첨단기술은 인공지능, 빅데이터, 사물인터넷, 자동화 시스템 등 다양하다. 이러한 첨단기술은 각종 센서로 주변 환경 정보와 식물과 동물의 생체 정보를 측정한 후 데이터를 분석하여 최적의 환경을 알려 준다. 그뿐만 아니라 농작물이나 가축을 돌보는 과정을 자동화 장치나 로봇을 이용해 자동으로 할 수 있고 먼 곳에서 조종하는 원격제어도 가능해져 사람의 일손이 훨씬 줄어들게 된다.

첨단기술이 스마트팜을 어떻게 돕고 있는지 좀 더 자세히 보면 다음과 같다.

첫째, 센서 기술은 농작물이 자라는 논밭과 가축이 사는 축사의 온도·습도·일조량 등을 측정하고, 채소와 소나 돼지의 상태와 동작을 측정하는 데 이용된다. 둘째, 인공지능과 데이터 분석 등 소프트웨어 기술은 다양한 센서에서 수집한 데이터를 모아서 분석하고 특정 농작물이나 가축에 적용하여 활용하기 위한 특화된 인공지능 소프트웨어 등을 개발하는 데 이용된다. 셋째, 드론과 로봇 기술은 넓은 논과 밭의 농작물을 관찰하고 관리하기 위한 농업용 드론과 자율주행 트랙터를 개발하고, 축사의 가축을 관찰하고 관리하기 위한 로봇을 개발하는 데 이용된다. 넷째, 사물인터넷 기술과 통신 기술은 농작물과 가축을 모니터링하고 관리하는 다양한 센서를 실시간으로 연결하여 제어하기 위한 시스템 개발에 이용된다. 이외에도 GPS, 인공위성, 경비행기 등 여러 첨단기술이 농축산업에 이용된다.

게임 체인저 농업용 드론

최근 농업기술을 크게 변화시키는 드론은 '게임 체인저(game-changer)'로 인정받고 있다. 게임 체인저란 어떤 일의 흐름이나 결과를 뒤집어 놓을 만한 결정적인 역할을 하는 것을 뜻한다.

드론을 이용해 농사를 지으면 다음과 같은 큰 이점이 있다. 드론을 띄워 하늘 위에서 농작물을 실시간으로 관찰할 수 있고 농작물이 건강하게 잘 자라는지 또는 병충해를 입고 있는 것은 아닌지에 관한 상태를 파악할 수 있다. 또 앞으로 수확량이 얼마나 될지를 예측하는 데에도 도움을 준다. 그리고 넓은 농지를 지도처럼 변환하여 관리할 수 있고, 농지에 물이 잘 공급되는지, 온도는 적당한지 등을 관찰할 수 있다. 최근에 농지의 크기에 따라 사용하기 편한 여러 종류의 드론이 개발되어 제품으로 나왔다. 이처럼 드론은 토양의 상태를 측정하고 씨를 뿌리고 농약과 비료를 살포하고 농작물의 상태를 관찰하고 생육 상태를 측정하여 병충해가 있는지를 진단하는 데 사용할 수 있다.

첨단 농업기술의 게임 체인저로 떠오른 드론

미국대두위원회(United Soybean Board) 폴리 루랜드 대표는 드론을 이용한 농사의 효과가 크다고 강조했다. 대두(Soybean)는 콩으로, 미국 농산물 수출액의 18퍼센트나 차지할 정도로 중요한 농산물이다. 드론을 대두 농장에 사용하면 하늘 위에서 농작물의 상태를 볼 수 있어 농부가 직접 걸어 다니며 보지 않아도 되기 때문에 시간이 많이 절약된다. 미국은 광활한 대지의 농장에서 농작물을 재배하기 때문에 농부가 직접 가서 보지 않고 드론을 이용해서 농작물을 관찰하는 것이 시간 절약 효과가 크다.

예를 들어, 미국 미네소타주에서 160에이커(약 64만 제곱미터) 면적의 농사를 짓고 있는 로첼 크루세마크는 이전에는 농장 관찰에 매주 30시간씩 걸렸지만, 드론을 이용해서 같은 면적의 농장을 관찰하면 15분 정도밖에 걸리지 않는다.

루랜드 대표는 최근 디지털 전환이 대두 농사에 적용되고 있다고 말했다. 그는 GPS 기반 자율주행 트랙터, 드론, 인공위성 사진, 습도 센서 등이 도입되면 같은 면적의 농지에서 더 많은 수확물을 거둘 수 있다고 주장했다. 이러한 첨단기술들 덕분에 농작물의 영양효율이 높아지고, 토질이 좋아져서 결과적으로 더 많은 수확량을 얻는다는 것이다. 또 토양에 더 많은 물을 저장하게 하고, 넓은 농지에서 해충 제거를 위한 농약 살포를 더 정확하게 효과적으로 할 수 있어 농작물이 더 건강하게 자랄 뿐만 아니라 환경오염도 줄일 수 있다는 것이다.

이처럼 드론을 이용한 농업이 가능하도록 이미 농업용 드론 제품이 여럿 개발되어 제품으로 나와 있다. 농업용 드론 전문 업체인 중국 지페이(Xaircraft, XAG)는 8년 전부터 농업용 드론 제품을 출시하여 세계 여러 나라로 수출하고 있는데, 최근에는 성능이 더욱 뛰어난 신제품을 출시했다. 2021년 중국 광저우에서 열린 지페이 연례 회의에서 신제품 농업용 드론(XAG P50과 XAG P100)과 원격 감지 드론(XAG M500과 M2000) 등을 선보였다. XAG P100은 40킬로그램의 물건을 들어 올릴 수 있다. 2022년 XAG P100은 베트남 농촌에서 씨를 뿌리고 농약을 치며 농작물을 관리하는 일을 성공적으로 해냈다.

인공위성과 경비행기, 자율주행 트랙터와 로봇으로 농사짓기

내가 미국에 있을 때 추수감사절을 맞아 친구의 초대로 켄터키주에 간 적이 있다. 보통 미국 사람들은 한국을 가리킬 때 켄터키주만 하다고 말하는데 실제로 켄터키주와 우리나라의 면적이 비슷하다. 면적이 넓은 켄터키주는 땅이 비옥해서 농업이 주요 산업이다. 당시 켄터키주에 들어서면서 끝도 없이 펼쳐진 옥수수밭 사이로 차를 몰고 달렸던 기억이 난다.

끝없이 펼쳐진 켄터키주의 옥수수 농장에선 우리나라 농촌에서처럼 농부가 걸어서 일일이 비료를 뿌리고 수확하는 것이 불가능하다. 그래서 미국의 대규모 농지는 경비행기로 농약을 뿌리고 대형 트랙터가 농작물을 수확한다. 그뿐만 아니라 넓은 농장을 관찰하기 위해서 인공위성으로 사진을 찍고, 경비행기를 몰고 하늘 위에서 내려다보며 관찰하는 방법을 이미 몇십 년 전부터 사용해 오고 있다. 이에 더해서 최근에는 드론까지 동원하여 사용하고 있다. 그러니까 넓은 농장의 전체적인 상황은 인공위성과 경비행기를 이용해서 관찰하고, 농작물을 가까이에서 자세히 관찰하는 것은 드론을 이용한다.

최근 자율주행 자동차가 개발되었다. 우리는 사람이 운전하지 않아도 자동차가 스스로 운전해서 목적지로 가는 차를 머지않아 실제로 타고 다닐 것이다. 이와 같은 자율주행 기능이 탑재된 농업용 트랙터가 개발되고 있다.

세계 최대 농기계 회사인 미국의 존디어(John Deere)는 2017년 인공지능 벤처기업인 블루리버 테크놀로지를 인수하여 농업용 빅데이터와 인공지능 기술을 농기계에 접목해 나가고 있다. 존디어는 넓은 농지에서 사용할 수 있는 자율주행 트랙터를 개발했으며, 최근에는 인공지능과 5G 네트워크 기술을 자율주행 트랙터에 적용하기 위한 개발을 이어가고 있다. 존디어가 만든 레티스 봇(Lettuce Bot)은 수백만 장의 식물 영상 데이터베이스를 보유하고 있어 이를 이용하여 농작물과 잡초를 즉각적으로 구별해 내 농작지에서 잡초만 골라서 제거한다. 이외에도 영국의 CNH와 일본의 구보타 등이 자율주행 농기계를 개발하여 제품으로 내놓았다.

논에서 일하는 자율주행 로봇

중국의 지페이도 농지에서 자율주행하는 농기계 제품을 출시했다. 2021년에 내놓은 신제품 자율주행 로봇(XAG R150)은 농지에서 씨를 뿌리거나 잡초를 뽑거나 풀을 베는 일을 한다. 이외에도 여러 형태의 농지에서 풀을 베는 일을 하는 자율주행 로봇(RevoMower 2.0)도 개발하여 내놓았다. 이 로봇들은 일반 농기계처럼 농부가 기계에 올라타서 운전하지 않아도 스스로 농지에 가서 일을 해낸다. 2021년 지페이는 목화 농장에서 일하는 농업용 기계를 개발하여 목화 농장에서 시범적으로 사용했는데, 사람의 노동력이 60퍼센트나 줄었다고 한다. 미래에는 농장에서 드론과 로봇 및 인공지능이 사이좋게 함께 일할 것이다.

농업 분야의 인공지능과 빅데이터

요즘 인공지능은 거의 모든 분야에 사용되기 시작했는데 인터넷 포털 사이트나 쇼핑몰을 비롯하여 주식투자자, 의사, 연구원, 화가 등 다양한 분야에서 두각을 나타내고 있다. 인공지능이란 사람이 가진 지적인 능력(지능), 즉 인지와 학습 같은 것의 일부나 전체를 컴퓨터를 사용하여 만든 지능이다(대통령 직속 제4차산업혁명위원회). 이처럼 사람처럼 사고하고 분석하여 무언가 결정까지 내리는 인공지능은 특히 대용량의 데이터

(빅데이터)를 학습하여 스스로 판단하고 결정을 내린다. 이 인공지능이 요즘 농업 분야에서 큰 변화를 일으키고 있다.

인공지능은 농업의 여러 데이터를 분석하고 예측하는 일을 할 수 있다. 그리고 농작물이 잘 자라는 환경을 분석하여 최적 상태로 유지하는 데에도 인공지능을 활용할 수 있고, 병충해 상태를 진단하는 일에도 활용할 수 있다. 또 인공지능은 로봇, 자율주행 농기계, 드론, 자동화 장치 등 농업용 기계와 연결하여 사용할 수도 있다.

농업 분야에서 인공지능과 빅데이터를 이용해서 대박을 터뜨린 기업을 꼽으라면 미국의 클라이미트 코퍼레이션(Climate Corporation)을 빼놓을 수 없다. 2006년 2명의 엔지니어가 만든 클라이미트 코퍼레이션은 미국 내 농업 현장의 다양한 데이터를 분석하여 농가의 의사결정을 지원하는 서비스를 제공하기 시작했다. 이 기업은 지난 60년 동안 미국 내 주요 농지의 수확량 데이터, 1500억 곳의 토양 데이터, 250만 개 지역의 기후 정보 데이터를 모아서 빅데이터를 만든 뒤, 이를 분석해서 농부들이 실패의 위험을 피하고 농작물의 수확량을 늘리는 과학적인 방법을 제시했다. 이후 2013년 몬산토(Monsanto) 그룹이 클라이미트를 9억 3000만 달러에 인수했으며, 다시 글로벌 기업인 바이엘(Bayer)이 몬산토를 인수하면서 현재 클라이미트는 바이엘의 자회사가 되었다.

국내에도 인공지능 영농 사업에 나선 기업이 있다. 2021년 라온피플(LaonPeople)은 인공지능 소프트웨어를 경북 안동시의 사과밭에 적용하는 계약을 맺었다. 이 인공지능 소프트웨어는 다음과 같이 작동한다. 사과밭에 레일을 설치하고 그 위에 카메라를 올려서 사과의 영상을 촬영한다. 인공지능 소프트웨어가 이 영상을 분석하여 사과 품질을 분석한다. 이를 통해 사과밭의 사과가 비정상적으로 작으면 이를 농부에게 알려 사과나무에 비료와 물을 더 줘서 사과를 크게 키울 수 있도록 도와준다. 이외에도 인공지능이 사과에 상처가 있는지 등을 분석해서 사과의 상품성에 대해서도 알려 준다.

다양한 센서를 네트워크로 서로 연결하여 데이터를 수집하고 분석하는 사물인터넷 기술을 농업에 적용할 수 있다. 사물인터넷을 이용하여 넓은 농지에서 질소, 인, 칼륨 등의 성분을 센서로 분석하여 비료를 더 뿌려야 할 곳을 파악한 후 그곳에만 비료를 뿌림으로써 비료 투여를 효과적으로 할 수 있다. 이를 통해 비료 투여량을 줄일 수 있어 경제적일 뿐만 아니라 비료를 지나치게 살포하지 않아서 환경오염도 줄일 수 있다. 또 사물인터넷을 이용한다면 넓은 농지에서 수분을 측정하는 센서로 수분이 부족한 곳을 찾은 후 그곳에 물을 공급함으로써 식물이 잘 성장하도록 도울 수 있다. 그리고 장기적으로 비가 내리는 시기와 강수량 데이터 분석을 통해 좀 더 효율적으로 농작물에 물을 공급해 줄 수 있다.

해외 농업의 선진 사례

유럽과 아메리카 및 아시아를 넘나들며 그곳에서 무슨 일이 일어나고 있는지 보자. 네덜란드는 농업 선진국이다. 빨강, 노랑, 보랏빛 튤립이 줄지어 피어 있는 대지와 풍차는 네덜란드의 아름다운 풍경을 연출한다. 네덜란드는 미국 다음으로 농산물을 많이 수출하는 세계 2위 국가다. 이 나라의 주요 농산물 수출품은 감자, 채소, 과일 등이며, 좁은 면적의 땅을 효율적으로 사용하여 생산량을 최대로 높이기 위한 기술을 꾸준히 발전시켜 왔다. 우리나라에는 비닐하우스가 많지만, 네덜란드에는 첨단 유리온실이 많다. 이 유리온실 안에 차세대 식물 생산 시스템을 갖춰 놓고 농사를 짓는다.

네덜란드가 이처럼 세계적인 농업 강국이 된 비결은 첨단기술을 적극적으로 도입했을 뿐만 아니라 지속적으로 혁신을 이루었기 때문이다. 최근에 네덜란드는 '푸드 밸리(Food Valley)'라는 농식품 클러스터(cluster, 단지)를 만들어서 농업 첨단기술과 시설원예를 연결하여 발전시키고 있다. 이 푸드 밸리는 정부·기업·대학의 협력으로 세워졌으며, 200개 이상의 농식품 기업과 연구소가 참여하고 있다. 푸드 밸리에 입주한 기업은 국내외 우수한 식품 제조기업과 협력하며 상생 발전하고 있다. 푸드 밸리의 2019년 매출은 66조 원 정도다. 네덜란드의 성공 사례인 푸드 밸리를 모델로 삼아 우리나라는 전북 익산시에 국가식품클러스터를 세웠다.

미국으로 가 보자. 미국은 네덜란드와 달리 비옥한 토지가 끝도 없이 넓게 펼쳐져 있다. 그래서 1980년대부터 인공위성 사진을 땅과 농작물의 상태를 살펴보는 데 이용하고 있다. 얼마나 밭이 넓으면 인공위성으로 사진 찍어서 봐야 할까? 그뿐만 아니라 넓은 농지에 씨를 뿌리고 수확하는 것도 여느 나라와는 규모가 다르다. 미국은 1990년대부터 장기적으로 지속 가능한 농업을 구축해 나가고 있다. 이를 통해 대규모 농지에 첨단기계 사용이 활발해졌고 농산물 생산량과 교역량이 증가했다. 최근 첨단기술을 농업에 적용한 제품들도 개발되고 있다.

미국의 자이터(Zyter)는 스마트 농업을 위해 다양한 제품을 개발하고 있다. 이 기업은 땅에 매설된 사물인터넷 센서를 이용해서 실시간으로 흙에 관한 정보를 수집하고 대기 성분을 분석하는 제품을 개발했다. 그

제품을 이용해 흙의 습도와 햇빛의 세기를 비롯, 작물이 자라는 데 필요한 주요 영양성분을 분석하여 작물이 더 건강하게 잘 자라도록 도와주어 수확량을 늘려 준다. 최근에 이 기업은 농작물을 관찰하는 자동화 드론과 인공지능을 결합한 사물인터넷 센서 네트워크를 개발하고 있다. 이 기술은 인공지능이 건강한 작물의 상태를 구분하고 생산성을 최대로 높이기 위해 영양성분을 예측하는 기술이다.

중국에서 농업을 변화시키는 첨단기술의 상황은 어떨까? 중국 정부는 2014년에 스마트팜을 농업에 도입하고 2016년부터 본격적으로 스마트팜 육성에 나섰다. 중국의 스마트팜 시장은 2016년 2.9조 원 규모에서 2020년 5조 원 규모로 연평균 성장률 14.6퍼센트 성장했다. 지페이의 농업용 드론과 로봇 개발은 앞에서 서술한 내용을 다시 살펴보면 될 것이다. 최근 중국 정부의 스마트팜 육성과 함께 중국의 대형 농업기업과 인터넷 기업이 손잡고 스마트팜 성장을 가속화하고 있다.

우리나라의 스마트팜 현장

이제 우리나라 스마트팜 현장을 둘러보자. 우리나라 정부가 스마트팜을 발전시키고자 팔을 걷어붙였다. 2018년 정부는 전국 4개 지역을 선정하여 기술혁신 확산 거점으로서 '스마트팜 혁신밸리'를 조성하겠다는 '스마트팜 확산방안'을 발표했다. 스마트팜 혁신밸리는 청년 농업인 육성과 임대형 스마트팜 지원 및 미래농업 기술 연구를 위해 정부가 주도하여 조성하는 첨단 융복합 클러스터다. 2018년과 2019년에 경북 상주시, 전북 김제시, 전남 고흥군, 경남 밀양시 등 네 곳이 스마트팜 혁신밸리로 선정되었다.

김제 스마트팜 혁신밸리와 상주 스마트팜 혁신밸리는 각각 2021년 11월과 12월에 준공되어 본격 운영에 들어갔으며, 나머지 두 곳은 2022년에 준공했다. 상주 스마트팜 혁신밸리는 네 곳 중 규모가 가장 크며 농업용 로봇과 수출용 생산시설을 실증하는 것으로 특화된 단지다. 또 경북상도와 상주시는 혁신밸리 청년 보육체계 등을 연계하여 청년 유입과 성장 및 정착을 원스톱으로 지원하는 계획을 마련하여 추진하고 있다.

K-스마트팜, 해외로 뻗어 가다

K-팝, 드라마, 영화, 스포츠, 예술 등 다양한 분야에서 한류 바람이 일었고, 최근 우리나라 농업기술이 세계로 뻗어 나가 'K-스마트팜(한국형 스마트팜)'으로 새로운 한류를 일으키기 시작했다.

세계 스마트팜 시장은 2016년부터 2022년까지 연평균 16.4퍼센트 성장률을 기록했으며, 2026년에는 341억 달러(약 43조 5798억 원) 규모로 성장할 것으로 전망된다. 또 국내 스마트팜 시장은 연평균 5퍼센트 정도 성장하고 있으며, 2022년에는 5조 9588억 원 규모를 형성했다. 이처럼 급성장하는 세계 스마트팜 시장에 한국의 스마트팜 기술이 진출하고 있다. 비가 오지 않는 사막기후의 중동과 비가 많이 오는 동남아 등 우리나라 기후와 많이 다른 나라에서도 농작물의 생육환경을 인공지능과 빅데이터 등의 기술을 이용하여 제어할 수 있다면 얼마든지 여러 작물을 재배하는 것이 가능하다.

K-스마트팜이 가장 먼저 진출한 나라는 중앙아시아의 카자흐스탄이다. 2021년 11월 카자흐스탄 알미티 지역에 1헥타르(1만 제곱미터) 규모의 스마트 시범 온실을 준공했다. 그곳에서 우리나라 기업들이 만든 스마

전통적인 방식으로 모내기 하는 베트남 농부(위)와 온실에서 재배하는 멜론(아래)

트팜 시스템과 시설로 딸기, 오이, 토마토 등과 같은 작물을 재배하고 있다. 특히 이 온실에 갖춰진 자동제어 기술은 채소에 최적의 온도와 습도를 맞춰 주어서 작물이 잘 자라도록 해준다.

K-스마트팜이 두 번째로 진출한 나라는 베트남이다. 베트남은 농업이 주력산업인데 지속적으로 성장하려면 생산과 가공 및 마케팅에 새로운 기술을 도입해야만 했다. 그래서 베트남 정부는 농업에 접목하는 첨단기술에 큰 관심을 나타냈다. 2021년 12월 베트남 하노이에서 '한국형 스마트팜 시범 온실(1헥타르 규모)'이 착공되어 2022년 6월에 준공, 본격 가동에 들어갔다. 베트남은 기온이 높고 강우량이 많은 나라임을 고려해 유수 유입 방지와 근권(뿌리) 냉방 시스템을 갖춘 온실을 만들었다. 그곳에서 한국산 고추와 멜론 등이 재배되고 있다.

아랍에미리트의 사막에도 한국형 스마트팜이 진출하여 2022년 1월에 완공되었다. 농림축산식품부와 그린플러스 등이 주도한 사업이다. 사막 기후인 아랍에미리트는 연평균 강수량이 42밀리미터 정도밖에 되지 않는다. 따라서 식물을 재배하는 과정에서 물의 소비량을 최대한으로 줄일 필요가 있다. 그뿐만 아니라 기온이 높아서 사막의 열기를 식히는 것도 식물 재배에서 중요하다. 이처럼 식물이 자라기 어려운 환경에서 한국형 냉방 시스템인 '포그(fog)냉방' 시스템을 사용하여 한국형 스마트팜을 만들었다. 포그냉방은 물을 안개처럼 만들어 온도를 낮추면서 습도를 높이는 기술이다. 이외에도 호주와 쿠웨이트 등 세계 여러 나라로 K-스마트팜이 진출하기 위한 작업이 진행되고 있다.

도시 농업, 빌딩 숲에서 농사짓기

도시 한복판에서 농사를 지어 신선한 농산물을 도시의 소비자에게 바로 공급할 수는 없을까? 요즘 농사는 시골에서 짓는다는 상식이 깨지고 있다. 높은 빌딩이 가득한 대도시에 여러 농작물을 건물 안에서 재배하는 것이 가능해졌다. 도시에서의 스마트팜을 살펴보자.

2016년 프랑스 파리는 도시 전체를 대상으로 녹지 공간의 3분의 1을 식량 생산 공간으로 만들기 위한 농업 프로젝트(Parisculture program)를 시작했다. 이를 위해 파리는 워크숍을 열고 기업을 지원하기 위해 자금을 마련했으며, 새로운 옥상 농장, 수직형 농장, 온실 등 16헥타르 규모의 도시 농업 시설을 세웠다.

미국 뉴욕시도 도시 농업에 투자하고 있다. 뉴욕시는 식량 시스템 위기 증가에 대응하기 위한 정책을 마련하고 도시 농업 사무소를 설치했다. 이 사무소는 식량 안전, 환경보호, 지역사회 개발, 건강과 삶의 질 향상 등 도시 농업과 관련된 여러 일을 돕는다. 또 뉴욕시는 도시 농업 자문위원회를 꾸려서 도시 농업에 관한 문제들도 자문할 계획이다.

우리나라에서도 도시 농업에 관한 기술개발뿐만 아니라 도시에 스마트팜이 만들어지고 있다. 서울교통공사는 지하철 운행에서 매년 큰 적자를 보고 있는데 이 적자를 줄이기 위한 다른 수입원을 찾던 중 스마트팜을 발견했다. 남아도는 지하철의 지하 공간을 활용하여 도심형 농장인 스마트팜을 만드는 새로운 사업을 시작한 것이다. 지하 공간에 농작물을 재배할 수 있는 시설을 마련해 인공조명으로 식물이 광합성할 수 있도록 하고 흙을 대신해서 식물이 자라는 데 필요한 각종 영양성분이 포함된 물을 넣어 주어 농작물을 재배한다. 이러한 방법으로 햇빛도 들지 않고 흙도 없는 도시 지하 공간에서 채소를 재배하는 것이 충분히 가능하다.

이렇게 도심 한복판의 지하 공간에서 농작물을 재배하면 소비자가 있는 마트까지 옮기는 데 드는 물류비용도 줄일 수 있다. 서울교통공사는 2019년 5월 지하철 5호선 답십리역을 시작으로 이후 지하철 7호선 상도역 등 여러 곳에 지하철역 내에 친환경 농장인 '메트로팜(Metro farm)'을 설치했다. 여기서 잎채소가 매월 1톤 정도 생산된다. 이러한 기술 덕분에 미래에는 농촌 논밭에서 채소와 같은 농작물이 자라는 것뿐만 아니라 대도시 한복판의 옥상이나 지하에서도 많은 농작물을 재배하여 먹게 될 것이다.

쑥쑥 자라는 스마트팜

시장조사 업체 BIS리서치에 따르면, 세계 스마트팜 시장 규모는 2023년 206억 달러(약 26조 3268억 원)에 이르며, 2026년에는 341억 달러(약 43조 5798억 원)까지 성장할 것으로 보인다. 세계 스마트팜 시장 규모는 2020년만 해도 124억 달러 정도에 그쳤지만 이후 2021년 146억 달러, 2022

년 174억 달러를 기록하는 등 매해 두 자릿수의 성장세를 보이고 있다.

세계 스마트팜 시장에서 아메리카 대륙이 42퍼센트, 유럽이 31퍼센트로 전체의 73퍼센트를 차지하고 있다. 우리나라 중소벤처기업부 '중소기업 전략기술로드맵'에 따르면, 국내 스

센서, 인공지능, 빅데이터, 무인·자동화 기술 등이 활용되는 스마트팜

마트팜 시장은 2018년 4조 7474억 원에서 2022년 5조 9588억 원 규모로 성장했다. 특히 첨단 정보통신기술이 발달한 우리나라에서 인도어팜(Indoor Farming, 실내 농장)은 스마트팜 산업 중에서 가장 빠르게 성장하는 분야다.

우리나라 정부는 국내 스마트팜을 육성하기 위해 다각도로 노력하면서 투자를 늘리고 있다. 과학기술정보통신부는 2020년 '스마트팜 사업단'을 출범시켰으며, 이를 통해 차세대 대규모 스마트팜 연구개발 사업을 추진하고 있다. 이와 더불어 농식품부, 농촌진흥청, 과학기술정보통신부 등이 협력해서 기초연구에서 산업화 연구까지 다부처 공동 연구개발 사업을 지원하고 있다. 이 사업은 '스마트팜 다부처 패키지 혁신기술개발 사업'으로, 2021년부터 2027년까지 총 3867억 원이 투입된다. 센서, 인공지능, 빅데이터, 무인·자동화 기술 등을 농업에 활용할 예정이다.

스마트팜을 위해 더 필요한 것은?

우리나라는 정보통신기술 강국일 뿐만 아니라 다양한 첨단기술을 가지고 있다. 이처럼 우수한 첨단기술을 활용하여 한국형 스마트팜을 개발하려면 지속적인 연구개발 지원이 이루어져야 한다. 또 국내 스마트팜이 꾸준히 성장할 수 있게 정책을 마련하고 법·제도를 개선해 나가는 것도 필요하다.

그리고 인공지능과 빅데이터를 비롯하여 드론과 로봇 등 여러 첨단기술을 농업에 활용하기 위한 연구개발에 필요한 인력 양성도 중요하다. 특히 지금까지 해오던 것처럼 한 분야에 전문성이 있는 전문가를 양성하는 것이 아니라 다양한 전문 분야를 알고 활용할 수 있는 융합 전문가 인재를 양성하는 것이 중요하다. 쉽게 말하면 인공지능만 아는 전문가가 아니라 인공지능과 로봇과 농업을 모두 다 잘 아는 융합형 전문가가 필요하다. 또 스마트팜 신기술이나 신제품이 개발되면 이를 농촌 현지에 적용하여 실제로 사용해 볼 수 있도록 도와주는 실증 지원도 필요하며, 국내 기술로 만든 스마트팜을 해외로 수출할 수 있는 글로벌 마케팅 지원도 필요하다.

이 시점에서 하나 짚어 볼 것이 있다. 농작물과 가축은 살아 있는 생명체이기 때문에 무조건 많이 생산한다고 좋은 것이 아니다. 공장에서 만드는 물건이라면 많이 만들어서 창고에 쌓아 두고 소비자에게 팔아도 되지만 채소 같은 농산물은 그렇게 할 수 없다. 채소 같은 농산물과 돼지고기 같은 축산물의 공급이 너무 많으면 가격폭락이 발생하여 농가에 피해를 준다. 따라서 생산량과 생산 시기를 적절히 조절하는 것이 중요하다.

농산물과 축산물의 생산량과 생산 시기의 조절에 빅데이터와 인공지능 기술을 적용할 수 있다. 다시 말해 현재 논밭에서 재배되고 있는 농산물의 현황을 포함, 농산물 생산의 전 과정을 모니터링하여 빅데이터화하고 이를 인공지능으로 분석하면 특정 농산물의 과잉생산을 방지하고 출하량과 시기를 조절할 수 있다. 이에 더해서 생산한 농산물을 장기간 저장하기 위한 기술과 유통과정을 좀 더 효율적으로 개선하는 방법 개발도 필요하다.

이와 같은 여러 일은 정부와 지자체가 협력하여 지원하고, 기업과 농부가 협력하여 진행해야 효과적으로 문제가 해결되고 농업이 빠르게 발전할 수 있다.

스마트팜 보급률이 네덜란드는 99퍼센트이고 캐나다는 35퍼센트다. 그러나 우리나라의 스마트팜 보급률은 1퍼센트 정도밖에 되지 않는다. 그렇지만 최근 인공지능과 빅데이터 등 정보통신기술을 활용한 한국형 스마트팜이 빠르게 발전하고 있어 앞으로 우리 농촌의 변화를 주도할 것으로 기대된다.

미래에 스마트팜이 많이 보급되면 황금 들녘에 드론과 자율주행 트랙터가 농부를 대신해 논밭에서 일하는 풍경이 자연스럽게 펼쳐질 것이다. 그때가 되면 "채소는 인공지능의 숨소리를 들으며 자란다"라고 말해야 할 것 같다.

3D 프린팅 음식과 실험실 배양육,
메뉴판에 이런 것이?

세계 인구는 점점 늘어나고 환경은 계속 파괴되어 간다. 그래서 미래 먹거리에 대한 걱정도 나날이 커지고 있다. 이번 여행에서 여러분은 미래에 우리가 먹을 새로운 두 가지 음식을 만날 것이다. 첨단 과학 신기술이 만들어 낸 이 음식은 아직 맛보기는 어렵지만, 미래의 우리 식탁을 점령할 놀라운 먹거리다. 이제 그 음식을 만나 보자.

실험실에서 고기를 만들자!

발갛게 달아오른 숯불 위에서 방금 구운 고기 한 점을 집어 입에 넣으면 정말 살살 녹는다. 입안 가득 풍기는 향과 맛 그리고 육즙을 가득 머금은 고기의 부드러운 식감. 그야말로 행복이 입안에서 춤을 춘다. 이처럼 우리가 즐겨 먹는 돼지고기와 소고기는 동물을 사육한 후 도축 과정을 거쳐 식탁에 오른다. 그런데 가축으로 인한 환경오염이 큰 문제를 일으키고 있다. 2006년 유엔식량농업기구는 축산업이 기후변화의 최대 원인 중 하나라고 발표했는데, 축산업이 전체 이산화탄소 배출량의 18퍼센트나 차지한다고 밝혀 세계에 큰 충격을 주었다. 이처럼 가축에 의한 환경오염 문제가 심각해지자 유럽에서는 붉은색 육류를 먹지 말자는 시민운동이 펼쳐지고 있다.

그럼 우리도 당장 고기를 끊고 채식주의로 돌아서야 할까? 맛있는 고기를 맘껏 먹고 환경도 보호하는 방법은 없을까? 과학으로 이 문제를 어떻게 해결해 가는지 과학자들을 만나서 그들의 이야기를 들어 보자. 그들은 외양간에서 소를 키우는 대신 실험실에서 소고기를 만들고 있다.

하얀 지방과 붉은 살점이 잘 어우러진 소고기는 마블링이 잘된 것이라고 하며 비싼 가격에 팔린다. 이 붉은 살점을 가만히 보면 수많은 세포가 모여서 이루어진 것임을 알 수 있다. 사실 눈으로 세포 하나하나를 구분해서 볼 수는 없지만, 소고기의 최소 구성 요소가 세포라는 것을 이미 알고 있다. 그렇다면 혹시 레고블록을 쌓아서 집을 만들듯이 소고기의 세포들을 실험실에서 배양해서 많은 수로 증식하면 소고기 한 덩어리가 될까? 이렇게 만든 소고기로 스테이크를 만들어 먹으면 어떨까? 이런 생각을 현실로 만든 과학자들이 있다.

실험실에서 세포배양 방법으로 생산한 고기를 '실험실 고기(Lab Meat)' 또는 '클린미트(Clean Meat)'라고 한다. 옥스퍼드대학과 암스테르담대학 공동 연구팀은 실험실 고기 생산이 기존의 사육 방법보다 온실가스 배출을 96퍼센트 줄이고, 에너지 사용량을 45퍼센트 줄일 뿐만 아니라 토지 사용량도 99퍼센트 감소될 것이라고 발표했다.

실험실 고기는 이렇게 생산된다. 실험실에서 동물의 근육 줄기세포를 채취하여 여러 영양성분이 들어 있는 지지체에 이식시킨다. 그리고 이 지지체를 배양 장치에 넣고 세포배양을 시작한다. 이렇게 2~3주 정도 세포를 배양하면 작은 고깃덩어리를 얻을 수 있다.

동물 세포를 배양해서 고기를 만들 수 있다고 처음 생각하고 이것을 특허 낸 사람이 있다. 네덜란드 암스테르담대학의 빌렘 반 앨런 교수다. 1999년 그는 줄기세포를 이용해서 배양육을 만드는 것에 관한 특허를 취득했다. 이것이 실험실 고기의 시작이다. 즉 실험실 고기의 역사는 20여 년밖에 되지 않는다.

이후 앨런 교수는 배양육 지원금 프로그램을 세우라고 네덜란드 정부를 설득했다. 이렇게 마련된 배양육 지원금이 네덜란드 마스트리흐트대학의 마르크 포스트 교수팀에게 주어졌고, 이 연구팀은 소의 줄기세포를 이용해서 실험실 고기를 만들기 위해 구슬땀을 흘렸다. 드디어 이 연구팀은 줄기세포 기술을 이용해 소의 근육세포를 배양하여 2만 개 정도의 근섬유를 배양한 후 둥글게 말아 햄버거 패티 모양으로 만드는 것에 성공했다. 이것이 바로 2013년 세계 최초로 소의 세포를 배양해서 만든 햄버거 패티였다.

나중에 알려졌지만, 구글 공동창업자인 세르게이 브린의 후원으로 연구가 안정적으로 진행되었다고 한다. 그는 포스트 교수에게 연구비를 줄 테니 소를 도축하지 않고 소고기 햄버거를 만드는 방법을 개발해 달라고 요청했다. 이렇게 해서 동물 세포를 배양하는 방식으로 실험실 고기가 처음 만들어지게 되었다. 이후 포스트 교수는 '모사미트(Mosa Meat)'라는 기업을 창업해서 연구를 이어가고 있다.

2016년 멤피스미트(Memphis Meat)가 세계 최초로 배양 미트볼을 만들었다. 생물 실험실에서 세포를 키워서 만들었다고 하면 왠지 좀 꺼림칙하고 맛이 없을 것 같은 기분이 든다. 그러나 살아 있는 소 세포를 아주 깨끗한 실험실 공간에서 좋은 영양분을 주어 배양하기 때문에 세균이나 바이러스의 감염 걱정이 없는 청정고기(실험실 고기)를 만들 수 있다. 2017년에는 마이크로소프트 창업자 빌 게이츠가 버진그룹 회장 리처드 브랜슨과 함께 인공 고기를 만드는 멤피스미트에 투자해서 화제가 되었다. 멤피스미트는 자가생산 동물세포(Self-Producing Animal Cells)를 이용해 고기를 생산하는 기술을 보유한 스타트업이다. 즉 소, 닭, 오리 등 동물 세포를 배양해 고기를 생산하는 기업이다.

실험실 고기를 만드는 기술이 나날이 발전하고 있다. 이 고기를 대량생산해서 판매하려면 어떻게 해야 할까? 먼저 비용 문제부터 해결해야한다. 2013년 세계 최초로 모사미트가 클린미트 햄버거용 패티 하나를 만드는 데 3억 9000만 원이나 들었다. 그러니까 이 패티로 만든 햄버거 하나가 3억 원이 넘는다는 뜻이다. 이후 모사미트는 실험실 고기 제조 비용을 줄이기 위한 연구를 거듭하여 햄버거 패티 생산비를 1만 5천 원 정도로 낮췄다. 이는 대단한 기술의 발전이다. 미래에는 기술의 발달로 실험실 고기를 더욱 저렴하게 대량생산하여 판매할 수 있게 될 것이다.

이스라엘의 퓨처미트(Future Meat)도 최근에 실험실 고기 생산비를 크게 줄였다고 발표했다. 2021년 퓨처미트는 110그램의 인공 닭가슴살을 만드는 데 5천 원 정도의 비용이 들었고, 2022년에는 2천 원 수준에서 생산할 계획이라고 밝혔다.

실험실 고기와 일반 고기 가격을 비교해 보자. 미국에서 110그램 닭 가슴살이 1천 원 정도에 판매되고 있는 것에 비하면 실험실 고기가 2배 정도 비싼 수준이다. 이제 기술이 좀 더 발달하면 실험실 고기가 더 싸게 생산될 수 있을 것이다.

그럼 누구나 실험실에서 세포를 배양해서 고깃덩어리로 만들어 팔 수 있을까? 이는 국민의 먹거리 안전과 관련되어 있어 국가기관의 허가를 받은 후에야 실험실 고기 제품을 팔 수 있다. 실험실 고기가 세상에 등장한 지 얼마 되지 않았지만, 이미 허가받은 제품이 나왔다. 실험실 고기를 만드는 잇저스트(Eat just)는 2020년 12월 세계 최초로 허가를 받았다. 싱가포르 식품청이 잇저스트의 실험실 고기인 닭고기 제품 3종의 판매를 승인한 것이다. 이후 잇저스트는 싱가포르에서 실험실 닭고기 1인분을 2만 원 정도에 판매했다. 잇저스트가 세포를 배양해서 만든 닭고기의 시식회에 참석한 사람들은 고기를 먹을 때 동물이 죽는다는 생각을 하지 않아서 좋다는 말과 함께 닭고기가 맛있다고 말했다.

점차 기술이 발달하면서 실험실 고기의 생산 비용은 낮아지고 품질은 올라가고 있어 이전처럼 동물을 사육해서 얻은 육류와 경쟁하게 될 것이다. 2040년이 되면 전 세계 육류 시장에서 가축을 사육하여 얻은 고기의 비율이 40퍼센트 정도밖에 되지 않으리라 전망하기도 한다. 그러니까 2040년에는 대체육이 60퍼센트를 차지하고 그중 실험실 고기가 35퍼센트, 식물성 대체육이 25퍼센트를 차지할 것으로 전망하고 있다. 여기서 말하는 식물성 대체육은 '콩고기'처럼 식물을 재료로 육류의 식감과 맛을 낸 것이다. 머지않은 미래에 '오염 걱정 없고 친환경적인 실험실 고기를 드세요!'라는 문구를 보게 될 것이다.

《뉴사이언티스트》에 따르면, 2020년 봄 기준으로 전 세계 약 60개 벤처기업에서 실험실 고기를 개발하고 있다. 실험실 고기 세계 시장은

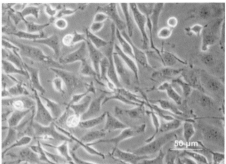

동물을 사육하여 고기를 얻는 방식(왼쪽)과
동물 세포를 배양하여 고기(실험실 고기)를 얻는 방식(오른쪽)

2025년 2800억 원 규모에서 2032년 7900억 원 규모로 성장할 것이라고 한다. 실험실 고기가 처음 만들어진 지 10년도 되지 않았으나 기술이 빠르게 발전하고 있어 실험실 고기를 사서 숯불에 구워 먹는 날도 곧 올 것이다.

3D 프린터로 만든 음식

요즘 세상에서 별난 물건 중 하나가 바로 3D 프린터다. 말 그대로 3차원(3D) 물체를 프린트하는 기계다. 몇 년 전에 3D 프린터로 만든 보트와 집이 뉴스에 소개되어 신기했는데, 요즘은 별별 물건을 프린트해 낸다. 의료용으로 사용하기 위한 손 모형, 두개골 보형물, 치아 등을 3D 프린터로 만들고 있는데, 최근에는 음식도 프린트해 낸다.

3D 프린터로 음식을 프린트하는 기술을 '3D 음식 프린팅(3D Food Printing)'이라 한다. 2006년 미국 코넬대학의 호드 립슨 교수 연구팀이 초콜릿·쿠키·치즈 등을 원료로 하는 최초의 3D 식품 프린터를 개발

했고, 유럽에서는 2000년대부터 기술개발이 시작되어 3D 프린팅 기술로 만든 음식을 파는 레스토랑도 생겨났다. 초창기에는 음식 재료를 통에 넣고 국수 가락을 뽑듯이 피스톤으로 밀어내어 만드는 수준이었다. 그런데 기술이 발달하여 다양한 음식 재료를 여러 통에 각각 넣어 둔 후 취향에 맞게 메뉴를 선택해 누르면 재료들을 알아서 배합하여 음식을 만드는 3D 프린터도 개발되었다.

2017년 일본의 오픈밀즈(Open Meals)가 초밥을 만드는 3D 프린터인 픽셀 푸드 프린터를 개발했다. 오픈밀즈는 음식의 모양과 색깔, 맛과 영양 등의 정보를 저장하는 푸드베이스 플랫폼을 기반으로 초밥용 3D 프린터를 개발했다고 한다. 2020년 러시아에서는 3D 프린터로 닭고기를 생산해서 판매하기 위한 연구를 KFC와 모스크바에 있는 3D 생명공학 프린팅 솔루션 연구소가 공동으로 시작했다. 2015년 우리나라에서도 3D 프린터로 피자와 파스타 같은 음식을 만드는 과정이 '푸드플러스 2015' 행사에서 시연되기도 했다.

2023년 8월 13~17일 미국 샌프란시스코에서 열린 '미국화학회(American Chemical Society, ACS) 연례학술대회'에서 싱가포르 국립대학의 더젠 후앙 교수 연구팀은 녹두와 미세조류 단백질을 3D 프린터로 가공해 해산물 모방 식품을 만든 연구 결과를 발표했다. 3D 프린터로 만든 이 식품은 맛과 영양성분에서 모두 합격점을 받았으며, 외형은 물론 맛과 냄새도 유사했다.

세계 3D 음식 프린팅 시장은 2017년 기준으로 대략 5200만 달러(약 635억 원)였는데, 연평균 46.1퍼센트씩 성장하여 2023년에는 5억 2500만 달러(약 6399억 원) 정도에 이를 것으로 전망된다. 시장점유율이 높은 세부 품목을 보면, 2018년 기준 과자류가 39.0퍼센트로 가장 높고, 반죽류(22.4퍼센트), 유제품(16.5퍼센트), 과일 및 채소류(10.5퍼센트), 육류(7.1퍼센트), 기타(4.4퍼센트) 순이다. 미래에는 집집마다 냉장고 옆에 음식을 만들어 주는 3D 음식 프린터를 놓고 쓸 것이다.

첨단 과학이 만든 새로운 먹거리를 머지않아 맛볼 생각을 하니 기분이 좋다. 최근 인구증가와 환경

음식을 만드는 3D 음식 프린터

파괴로 식량 걱정이 나날이 커지고 있는 상황이라 더욱 반갑다. 그런데 실험실 고기나 3D 프린팅 음식이 우리 건강을 해치지는 않을까? 기존에 없던 새 먹거리가 등장했으니 당연히 음식물의 안전성을 되짚어 봐야 한다. 실험실 고기를 만드는 일부 업체에서 배양육을 제조하는 과정에서 유전자 편집을 사용하고 있는데 이것이 유전자변형생물체(Genetically Modified Organism, GMO)처럼 위험성이 있는 것은 아닌지에 대해 논란이 될 수 있다.

따라서 이 실험실 고기가 건강에 미치는 영향에 대해 앞으로도 연구할 필요가 있다. 이렇게 안전하게 믿고 먹을 수 있는 미래 먹거리를 제대로 마련해야 한다. 미래에는 우리 건강과 함께 환경도 보호하는 맛있는 먹거리가 많이 등장할 것이다.

비밀 레시피,
온도에 따라 맛이 달라진다?

　아이스크림을 따뜻하게 데워서 먹으면 어떤 맛일까? 냉동실에서 막 꺼낸 아이스크림은 시원하고 참 맛있다. 그런데 따뜻하게 데운 아이스크림은 맛이 없다. 단맛이 너무 강하게 느껴지고 토할 것처럼 맛이 이상하다. 똑같은 아이스크림이 온도만 바꾸었을 뿐인데, 왜 이렇게 맛이 달라지는 것일까?

　음식의 맛은 그 안에 들어 있는 재료 성분에 따라 결정된다고 생각했는데 중요한 한 가지가 더 있다는 것을 알게 되었다. 바로 '온도'다. 이번 여행에서는 온도에 따라 달라지는 음식의 맛을 탐험할 것이다. 음식이 없이 온도만 달라져도 혀에서 맛을 느끼는 신기한 현상도 살펴볼 것이다. 그 새콤달콤하고 신비한 맛의 세계로 떠나 보자.

'맛'의 실체는 뭘까?

새콤달콤하다, 구수하다, 느끼하다, 쌉싸래하다, 달달하다, 달착지근하다, 짭조름하다, 담백하다, 떫다, 맵다, 싱겁다 등 맛을 표현하는 우리말은 무척 많다. 그러나 과학에서 말하는 맛은 딱 다섯 가지밖에 없다. 단맛, 짠맛, 쓴맛, 신맛 그리고 감칠맛이다. 혀에는 이 다섯 가지 맛을 감지하는 다섯 가지 센서만 있기 때문이다.

이외에도 '불맛', '매운맛', 심지어 '빨간맛' 등이 있지만 엄격하게 말하면 맛이 아니다. 매운맛은 고추에 든 캡사이신 같은 성분이 입안 표피를 공격해서 화끈거리고 따끔하게 하여 느끼는 감각이다. 그러니까 과학에서는 매운맛을 맛으로 인정하지 않는다. 그저 캡사이신 같은 물질이 피부를 공격해서 느끼는 화끈거리는 고통이다.

맛을 느끼는 과정을 보면 이렇다. 보글보글 끓고 있는 된장찌개를 한술 떠서 입에 넣으면 짜다. 이는 그 안에 짠맛을 내는 물질이 있기 때문인데 그 물질이 바로 소금이다. 다른 말로는 염화나트륨(NaCl)이라고 한다. 소금이 된장찌개 안에 들어가면 염화 이온(Cl^-)과 나트륨 이온(Na^+)으로 분리되는데, 나트륨 이온이 혀의 표면에 있는 감지 센서를 건드리는 순간 '짜다'는 맛을 느낀다. 혀의 감

다양한 맛을 느낄 수 있는 밥상

지 센서가 모여 있는 것을 '미뢰(味蕾)'라고 하며, 하나의 미뢰에 30~100개 정도의 미각세포가 있다.

혀에서 맛을 감지하는 미각세포는 수명이 8~12일 정도다. 그리고 혀의 모든 미각세포가 새로운 미각세포로 교체되는 데에는 10~12주 정도 걸린다. 이처럼 맛을 감지하는 기능을 늘 생생하게 유지하기 위해 새로운 미각세포가 계속 만들어지고 있다.

우리가 맛을 느끼는 것은 그 맛과 관련된 물질이 혀의 센서를 자극하기 때문이다. 이 다섯 가지 맛을 내는 성분 물질은 다음과 같다. 단맛 성분은 포도당, 과당, 자당, 사카린, 아스파탐 등이고, 짠맛 성분은 염화나트륨 같은 것이다. 쓴맛 성분은 카페인, 퀴닌 등이고, 신맛 성분은 시트르산 같은 것이다. 그리고 감칠맛을 내는 성분은 조미료의 주성분인 'MSG(Monosodium glutamate)'라는 글루탐산나트륨이다.

맛은 '혀'가 아니라 '뇌'가 느낀다!

우리는 혀로 맛을 느낀다고 생각하지만 이는 착각이다. 왜냐하면 진짜 맛을 음미하며 느끼는 것은 뇌이기 때문이다. 왜 그런지는 다음 과정을 보면 알 수 있다.

한겨울 추위를 금세 녹여 주는 핫초코를 조금 마셔 보자. 핫초코는 입안으로 들어가자마자 달콤한 당 성분이 즉각 혀의 단맛 센서를 자극한다. 그 센서는 재빨리 신경이라는 도선을 통해 전기신호를 뇌로 보낸다. 슈퍼컴퓨터와 같은 뇌는 순식간에 그 전기신호를 분석하여 핫초코 맛이 '달다'라고 인식한다. 동시에 입안의 핫초코가 목구멍을 넘어가는 순간 핫초코 향이 코로 들어가 코의 후각 센서를 자극한다. 이에 따라 후

각 센서도 핫초코 향을 감지한 전기신호를 신경을 통해 뇌로 전달한다.

그뿐만 아니라 핫초코 잔을 바라볼 때 눈의 시각 센서가 전기신호를 만들고, 핫초코 잔을 들고 있는 손의 촉각 센서가 전기신호를 만들어 뇌로 보낸다. 이처럼 다양한 감각 센서가 보내온 신호들을 뇌가 모두 받아서 종합적으로 분석하여 '역시 달콤한 핫초코가 최고야!'라고 반응하게 된다.

가장 맛있는 온도는 몇 도일까?

음식의 맛이 온도에 따라서 달라진다는 사실은 무척이나 흥미롭다. 좀 더 자세히 알아보고자 여러 논문과 자료를 찾아 읽다가 초파리를 이용하여 실험한 논문에서 그만 웃음이 터졌다. 2020년 미국 샌타바버라 캘리포니아대학교의 크레이그 몬텔 연구팀이 발표한 논문이었다. 이 연구팀은 초파리가 좋아하는 설탕이 든 음식을 온도만 조금 다르게 한 후 초파리가 좋아하는지를 실험했다. 복잡하고 난해한 그래프와 그림이 잔뜩 들어 있는 논문을 읽는 동안 내 머릿속에는 파리 한 마리가 음식 앞에서 연신 앞발을 비비며 군침을 흘리고 있는 모습이 떠올라 웃음을 참을 수가 없었다.

이 연구팀의 연구 결과를 한마디로 말하면, 초파리는 상온에서 몇 도정도만 온도가 내려가도 달콤한 음식에 흥미를 잃어서 거들떠보지 않는다는 것이다. 이 연구팀은 그 이유도 밝혀냈는데, 음식 온도가 조금 내려가서 단맛이 약해졌기 때문이 아니라 쓴맛이 강해졌기 때문이었다. 연구팀은 온도가 약간 내려갔을 때 쓴맛을 느끼는 수용체 세포가 더 활성화되고 단맛을 느끼는 수용체 세포에는 변화가 없는 것을 발견했다.

이 때문에 초파리는 음식 온도가 조금 내려가면 음식에 흥미를 잃고 먹지 않았다.

이러한 변화는 우리가 커피를 마실 때도 느낄 수 있다. 따뜻한 커피에 설탕 두 스푼을 넣어 마시면 커피 향과 함께 단맛이 느껴진다. 그러나 식어 버린 커피를 마시면 쓴맛이 무척 강하게 느껴져서 마시기가 힘들다. 그 이유가 바로 초파리 연구에서 밝혀졌듯이 온도가 낮아지면 쓴맛을 더 강하게 느끼기 때문이다.

다른 연구도 살펴보자. 2016년 미국 클렘슨대학의 폴 도손 연구팀이 기본적인 맛이 온도에 따라 영향을 받는 것을 연구한 결과를 발표했다. 이 연구팀은 단맛·짠맛·신맛이 온도에 따라 어떻게 달라지는지 실험했다. 단맛은 설탕, 짠맛은 염화나트륨, 신맛은 시트르산이라는 성분 물질을 이용해서 세 가지 다른 온도(섭씨 3도, 23도, 60도)에서 실험했다. 실험 결과를 보면 흥미롭다.

단맛은 섭씨 3도나 23도보다 60도로 온도가 높을 때 더 강하게 느껴졌다. 바로 핫초코를 뜨겁게 해서 먹으면 더 달게 느끼는 것과 같다. 다시 말해 식어 버린 핫초코를 마시면 단맛이 덜 느껴진다. 짠맛은 온도에 따라 맛의 강도가 달라지지 않았다. 사실 짠맛에 관한 연구 결과는 이미 1970년 로즈 마리 팽본 연구팀이 염화나트륨 용액을 섭씨 0도에서 50도 사이의 다양한 온도에서 실험한 후 짠맛은 온도의 영향이 없다는 결과를 발표했었다. 도손 연구팀은 신맛은 특이하게도 차거나(섭씨 3도) 뜨거운(섭씨 60도) 것이 아닌 상온(섭씨 23도)에서 가장 강하게 느껴졌다.

음식의 맛과 온도에 관한 과학적인 연구는 1930년대에 독일의 과학자 한(H. Hahn)과 귄터(H. Günther)가 시작했다. 이후 1960년대에 신경 전기생리학적 연구가 진행되면서 온도 변화에 따라 맛이 달라지는 현상과 관련된 신경 변화 연구가 시작되었다. 그러다 드디어 2000년대에 들어와 온도에 따라 맛을 달라지게 하는 실체가 드러났다. 바로 벨기에 루벤대학 연구팀이 'TRPM5(Transient receptor potential cation channel subfamily M member 5)'라는 이온 채널의 존재와 역할을 밝혀낸 것이다. 세포의 세포막에 존재하는 이 이온 채널이 온도 변화에 따라 맛을 다르게 인식하도록 만드는 실체였다. 음식 온도가 올라가면 혀에 있는 TRPM5 이온 채널의 반응이 활성화되어 더 강한 맛을 느끼게 되는 것이다.

2012년 캐나다 브로크대학의 게리 피커링 연구팀은 온도 변화와 맛의 상관관계를 연구한 논문을 발표했다. 음식이나 음료는 따뜻할수록 신맛과 떫은맛이 강해졌고, 쓴맛은 찬 음식에서 더 잘 느껴졌다. 단맛은 온도와 상관이 없었다. 단맛·신맛·쓴맛·떫은맛 모두 음식이 따뜻할수록 맛이 지속되는 시간이 길어졌다.

온도에 따라 맛이 달라지는 현상을 실생활에 적용해 보면 어떨까? 우리는 식당에 갔을 때 습관적으로 찬물을 먼저 마시고 음식을 먹는다. 대부분의 식당에서 따뜻한 보리차가 아닌 찬물을 내주기 때문이다. 그러나 중국의 식당에서는 식사 전에 따뜻한 차를 내준다. 찬물이 아닌 따뜻한 물을 마시고 음식을 먹으면 음식의 단맛을 더 강하게 느낄 수 있다. 너무 차가운 음료수나 음식은 혀를 순간적으로 마비시켜 맛을 느끼지 못하게 하므로 맛을 음미하려면 혀를 적당한 온도로 유지하며 음식을 먹는 것이 좋다.

음식의 맛과 관련한 여러 요소

우리는 음식의 맛과 관련된 여러 요소를 감지하여 종합적으로 분석한 후 맛을 인식한다. 그러니까 어떤 음식을 먹을 때 단순히 그 음식 속에 들어 있는 화학물질을 혀로 감지하는 것으로만 맛을 느끼는 것이 아니라는 뜻이다. 물론 음식의 화학성분이 가장 중요하다. 그리고 온도도 맛에 큰 영향을 미친다. 그뿐만 아니라 산성도(pH)와 이온도 맛에 영향을 미친다. 우리가 먹는 음식 대부분은 pH 7 정도의 중성이지만 콜라 같은 탄산음료는 pH 2.5로 산성이고 레몬과 사과도 pH 2~4의 산성이다. 이처럼 산성도가 낮은 산성 음식을 먹으면 톡 쏘는 청량감과 함께 시큼한 맛이 느껴진다.

음식의 감촉과 점도도 맛에 영향을 준다. 이를 식감(食感)이라고 표현하기도 하는데, 음식을 먹을 때 입안에서 느껴지는 감촉이다. 설탕이나 소금이 단맛과 짠맛을 내는 것은 설탕과 소금의 화학물질이 미뢰를 자극해서 맛을 느끼게 하는 화학적 작용이다. 이에 반해 식감은 음식의 굳은 정도와 점도를 느끼는 물리적 작용이다. 즉, 똑같은 밀가루로 만든 음식이라도 걸쭉한 죽처럼 만든 음식과 빵으로 만든 것은 맛이 다르고, 똑같은 초콜릿이라도 가루로 먹는 것과 '바'로 만들어 깨물고 씹어 먹는 것의 맛이 다르다.

서멀 테이스터, 온도 변화로 맛을 느끼는 사람

신기한 현상이 있다. 음식을 먹지 않아도 혀의 온도가 달라지면 맛을 느끼는 사람이 인구의 20~30퍼센트 정도라고 한다. 온도 변화로 맛을 느낀다고 해서 이들을 서멀 테이스터(Thermal Taster)라고 한다.

2004년 미국 과학자 그린과 조지는 서멀 테이스터가 화학적 맛에 반응하는 것에 관한 연구 결과를 발표했다. 그들은 서멀 테이스터 중 절반 정도가 '서멀 스위트니스(Thermal Sweetness)'임을 알아냈는데, 서멀 스위트니스는 혀를 차갑게 한 후에 따뜻하게 하면 단맛을 느끼는 사람이다. 2018년에 영국 노팅엄대학의 조안 홀트 연구팀이 발표한 연구 결과도 흥미롭다. 이 연구팀은 혀를 차갑게 했을 때 실험 참가자 중 25퍼센트가 쓴맛을, 25퍼센트가 신맛을 느끼는 것을 발견했다.

'혹시 나도 서멀 테이스터가 아닐까?' 서멀 테이스터인지를 알아보려면 다음과 같이 하면 된다. 영국 노팅엄대학의 샐리 엘데카이디 연구팀의 논문에 그 방법이 자세히 나와 있다. 먼저 실험을 시작할 때 혀를 섭씨 35도로 해준다. 그리고 혀를 15도로 시원하게 해주고 천천히 40도까지 온도를 높인 후 10초 동안 둔다. 이때 온도를 1초에 섭씨 1도 정도 올라가는 속도로 천천히 올린다. 음식이 없는데도 맛이 느껴지는가?

서멀 테이스터가 온도 변화만으로 맛을 느끼는 이유는 뭘까? 그 주된 이유가 온도에 따라 맛을 다르게 느끼도록 해주는 TRPM5 이온 채널 때문이라는 것이다. 즉, 온도가 올라가면 TRPM5 이온 채널이 활성화되어 더욱더 맛을 강하게 느끼게 되는데 이는 음식이 없어도 음식이 있는 것처럼 맛을 느끼도록 해주는 것으로 추정된다. 이와 관련된 좀 더 자세한 메커니즘은 과학적인 연구가 더 진행되어야 밝혀질 것이다.

맛있는 온도를 알려 주는 스티커

음식마다 가장 맛있는 온도가 따로 있다. 아이스크림, 탄산음료, 수박, 사과 등은 차갑게 먹어야 맛있다. 반면 된장찌개, 피자, 파스타 등은 따

차가운 음식(아이스크림, 왼쪽)과 상온 음식(마카롱, 중간) 및 따뜻한 음식(커피, 오른쪽)

뜻하게 먹어야 맛있다.

2019년 농촌진흥청은 과일의 가장 맛있는 온도를 알려 주는 스티커를 개발했다. 이 스티커를 수박에 붙이면 수박이 가장 맛있는 온도인 섭씨 9~11에서 붉은색이 나타내고, 이보다 낮은 섭씨 6도 이하가 되면 보라색이 되며, 더 높은 온도인 섭씨 13도가 되면 회색으로 변한다. 이렇게 색깔로 수박이 가장 맛있는 온도를 표시한다. 특히 수박과 같은 당이 많이 있는 과일은 섭씨 5도보다 10도에서 단맛이 15퍼센트 더 강하게 느껴진다. 따라서 여름에 수박을 냉장고에서 꺼낸 후 바로 먹기보다 조금 있다가 먹으면 더 달고 맛있다.

"식기 전에 밥 먹어!" 어머니들은 옛날부터 자녀들을 향해 외쳤다. 이처럼 우리는 오래전부터 경험적으로 따뜻한 음식이 식으면 맛이 없다는 것을 이미 알고 있다. 음식의 맛과 온도에 관한 것은 일반 가정뿐만 아니라 식당이나 식품업체 등 다양한 분야에서 중요하다. 미래에는 음식마다 가장 맛있는 온도에 맞춘 음식을 먹으면서 맛의 풍미를 즐길 수 있을 것이다.

물맛,
건강에 좋은 물은 어떤 물일까?

"물맛 참 좋네!"라니, 정말 '물맛'이 존재할까? 하루도 물과 떨어져서 살아갈 수 없는 우리는 어떤 물을 마셔야 할까? 이번 여행에서는 여러 가지 종류의 물을 만날 것이다. 그리고 물의 실체도 따져 볼 것이다. 우리는 물에 대해 많이 알고 있다고 생각하지만, 여전히 베일에 싸여 있는 물의 여러 모습이 남아 있다. 이제 팔색조처럼 다양한 모습의 물을 만나 보자.

워터 소믈리에, 그리고 물맛

요즘 물 시장이 심상치 않다. 몇십 년 전만 해도 돈 주고 물을 사 먹는다는 것은 상상조차 하기 힘들었다. 볶은 보리를 주전자에 한 움큼 넣고 수돗물을 부어서 끓인 보리차를 마시거나 그냥 우물물을 떠서 마셨다. 그런데 지금은 생수를 돈 주고 사 먹는 세상이다.

요즘은 환경이 오염되고 공장과 농축산 폐수가 강으로 유입되기도 해서 수돗물을 그냥 마시기가 불안하다. 그래서 정수기를 설치하거나 생수를 사서 마시는 가정이 많다. 최근 깨끗하고 믿을 만한 안전한 물에 대한 요구에 따라서 생수 시장이 급성장하고 있다.

우리나라 생수 시장은 2010년 3900억 원에서 2021년 1조 2000억 원으로 성장했으며 2023년에 2조 3000억 원 규모가 될 것으로 전망된다. 우리나라에 생수 제조사가 70개가 넘고 생수 브랜드는 300개나 있다. 생수 브랜드의 국내 점유율 순위를 보면 2021년 상반기 기준으로 제주 삼다수가 1위(38퍼센트), 2위는 롯데 아이시스(13퍼센트), 3위는 농심 백산수(8퍼센트)였다.

그럼 수백 가지나 되는 생수 중 어떤 물이 가장 좋을까? 어떤 물이 맛도 좋고 건강에도 좋을까? 이것을 궁금해하며 우물쭈물 망설이는 사람들을 돕겠다고 나선 이들이 있다. 바로 '워터 소믈리에(Water Sommelier)'다. 좋은 물을 선별하고 소개해 주는 사람을 가리킨다. 이 새로운 직업은 2000년대 초 프랑스에서 생겨나 2011년에 우리나라로 물 건너왔다. 물맛, 그것도 맹물 맛을 구별해 내는 워터 소믈리에는 정말 타고난 혀의 감각을 지닌 것 같다. 워터 소믈리에는 생수의 균형감, 청량감, 냄새 등을 종합적으로 평가해서 점수를 매긴다고 한다.

이제 과학자에게 물어 보자. 사실 우리는 워터 소믈리에처럼 아주 정확하게 물맛을 구별해 내지는 못해도 어느 정도는 구별할 수 있다. 어떤 생수는 너무 쓰고 어떤 생수는 너무 싱겁다고 느낀다. 그런데 우리가 물맛이라고 하는 그 물의 '맛'이 과학적으로 진짜 존재할까?

맛이란 혀에서 느끼는 짠맛·신맛·단맛·쓴맛을 말한다. 각각의 맛을 감지하는 미각세포가 있어서 이러한 맛을 감지한다. 그런데 2000년 여기에 더해서 다섯 번째 맛으로 '감칠맛'이 공식 인정받았다. 이 감칠맛은 글루탐산나트륨의 맛이다. 1985년 일본의 이케다 박사가 글루탐산나트륨이 감칠맛을 낸다는 것을 찾아서 보고했고, 2000년 이 감칠맛을 느끼게 하는 세포의 수용체가 발견되어 과학적으로 그 실체가 입증되었다. 조미료의 주성분이 바로 글루탐산나트륨이다.

최근 과학자들이 여섯 번째 맛 후보를 찾았다는 속보가 날아왔다. 바로 '물맛'이다. 생수나 약수 중 쓰게 느껴지는 것이 있는데, 이는 엄밀히 말하면 물맛이 아니라 물속에 포함된 미네랄에 따른 것이다. 그런데 물에 포함된 미네랄이나 다른 화학성분에 따른 맛이 아니라 진짜 순수한 물의 '맛'을 찾았다는 것이다.

2017년 미국 캘리포니아공대(칼텍)와 독일 뒤스부르크 에센대 공동 연구팀은 포유류의 혀에서 물맛을 감지하는 미각수용체를 찾아내 발표했다. 이 연구팀은 쥐의 혀에 물이 닿으면 감각 신호가 활성화되어 뇌로 전해지는 것을 발견했다. 즉 쥐가 물맛을 느낀다는 뜻이다. 이 물맛은 신맛을 감지하는 미각수용체가 감지하는 것으로 밝혀졌다.

물맛의 민낯

생수나 약수를 마셔 보면 어떤 물은 쓴맛이 나고 어떤 물은 특별한 맛이 거의 없다. 이처럼 물맛이 차이가 나는 원인은 물속에 포함된 미네랄 종류와 농도, 탄산의 함량, 온도 등이라고 전문가들은 말한다.

먼저 미네랄 함량을 살펴보자. 프랑스산 에비앙 생수는 쓴맛이 나는데, 이는 미네랄 함량이 많아 경도(물속에 칼슘염과 마그네슘염이 함유된 정도)가 1리터당 317밀리그램이기 때문이다. 이에 반해 국내산 생수는 대부분 경도가 1리터당 50~150밀리그램이라 쓴맛이 없다. 산골에 있는 약수터의 물 중에 미네랄 성분을 많이 포함하고 있어 쓴맛이 나는 것이 있다. 미네랄 성분의 종류와 농도에 따라서 약수의 맛도 제각각이다.

미네랄 성분이 몸에 좋다는 말을 자주 듣는다. 그런데 환경오염을 생각하면 깨끗하고 순수한 물을 마시는 것이 건강에 좋다고 생각할 수 있다. 과연 그럴까?

물을 끓이면 하얀 수증기가 되어 공기 중으로 흩어지는데 그 수증기를 모아 다시 응축시키면 아주 깨끗하고 순수한 물을 얻을 수 있다. 바로 증류수다. 이렇게 얻은 깨끗한 물속에는 순수하게 물만 있지 다른 성분들이 포함되어 있지 않다. 이렇게 너무너무 깨끗한 물을 마시면 건강에 좋을 것 같지만, 어느 정도 미네랄 성분이 포함된 물을 마시는 것이 건강에 좋다. 왜냐하면 우리 몸에서 칼슘이나 나트륨 등과 같은 미네랄 성분이 건강 유지에 중요한 역할을 하기 때문이다.

미네랄이 풍부한 약수터 물(왼쪽)과 깨끗하게 정제한 생수(오른쪽)

물맛에 영향을 미치는 두 번째 요소는 탄산의 함량이다. 약수터 물 중에서 탄산이 소량 함유된 것이 있다. 경북 청송 주왕산국립공원 근처에 있는 달기 약수터의 물은 단맛을 제거한 사이다 같은 맛이다. 이는 물속에 소량의 탄산이 들어 있기 때문이다.

마지막으로 온도도 물맛을 좌우한다. 냉장고에서 꺼내 물을 마신 후 식탁 위에 올려놓았던 생수병의 물은 맛이 이상하다. 생수병의 뚜껑을 꽉 닫았다 해도 상온으로 데워진 생수의 맛은 시원한 생수의 맛과 다르다. 그렇다고 무조건 온도가 낮다고 맛이 좋은 것은 아니다. 냉장고에서 금방 꺼낸 생수가 시원하기는 하지만 낮은 온도로 혀가 마비되어 맛을 못 느낀다. 대략 섭씨 10~15도 일 때 물맛이 가장 좋다.

내 몸에 딱 맞는 물

한여름 뙤약볕이 내리쬐는 길을 걷다가 잠시 멈춰 서서 마시는 물 한 모금은 참 맛있다. 마른 스펀지처럼 온몸이 물을 쫙쫙 빨아들이는 것을 느낄 수 있다. 물을 마신 후 30초가 지나면 혈액으로 가고 1분이 지나면 뇌로, 10분이 지나면 피부로, 2시간이 지나면 소변으로 배출된다. 이처럼 우리 몸의 모든 장기와 조직은 빠르게 물을 흡수한다. 실제로 우리 몸의 70퍼센트는 물이다. 갓난아기일 때는 80퍼센트 이상이고, 성인이 되면 60퍼센트, 나이가 들면 50퍼센트까지 물의 함량이 줄어든다.

하루에 몸 밖으로 배출되는 수분의 양은 2.5리터 정도 된다. 따라서 매일 이만큼 물을 마셔서 보충해야 한다. 세계보건기구(WHO)는 하루에 1.5~2리터의 물을 마시라고 권장한다. 보통 음식을 통해 섭취하는 수분이 1리터 정도이므로 추가로 1리터 정도의 물을 마셔야 한다. 몸에서 물이 1~2퍼센트 정도 빠져나가면 심한 갈증을 느끼고, 5퍼센트 이상 빠져나가면 정신을 잃고 혼수상태가 되며, 10퍼센트 이상 빠져나가면 심장마비 가능성이 커지고, 20퍼센트 이상 빠져나가면 죽을 수도 있다. 따라서 우리 몸과 물은 떼려야 뗄 수 없는 관계에 있다. 건강을 위해서 깨끗한 물을 조금씩 자주 마시는 것이 좋다.

물만 먹었는데 죽었다?

"접시 물에 빠져 죽겠다"라는 말이 있다. 접시에 담긴 물에 코 박고 죽을 만큼 기막히고 답답한 처지를 일컫는 속담이다. 그런데 이처럼 황당하고 기막힌 사건이 일어났다. 물만 마셨는데 죽을 수 있을까?

2007년 미국 캘리포니아에서 물 마시기 대회가 열렸다. 누가 물을 얼마나 많이 마시나를 겨루는 대회다. 이 대회에서 7.5리터의 물을 마신 20대 여성이 몇 시간 후 집에서 죽었다. 2005년에도 시카고주립대학에서 19리터의 물을 마신 학생이 죽는 일이 발생했다. 그들이 죽은 이유는 바로 물을 너무 많이 마셔서 생긴 물 중독에 의한 뇌부종이었다. 물에 독극물이 있는 것도 아니고 깨끗하고 안전한 물을 마셨는데도 죽었다.

미국화학협회에 따르면, 몸무게가 70킬로그램인 사람의 물 치사량은 6리터 정도다. 지나침은 모자람만 못하다는 뜻의 사자성어 '과유불급(過猶不及)'이 생각난다. 우리가 마시는 깨끗한 물도 너무 많이 마시면 독이 될 수 있다.

약수와 수돗물

약수터의 물을 마셔도 괜찮을까? 약수는 산 좋고 물 맑은 계곡에서 흘러나오기 때문에 마그네슘이나 칼슘 같은 미네랄 성분이 많아 몸에 좋다고 알려져 있다. 그런데 요즘 환경오염이 심해 옛날처럼 비도 깨끗하지 않고 시냇물도 안심하고 먹을 수 없다. 최근 전국 곳곳의 약수터 수질을 조사한 결과를 보면, 산 좋고 물 맑은 약수터 물이라도 무조건 안심하고 마실 수 없다는 것을 알 수 있다.

2016년 환경부가 서울에 있는 약수터 236곳을 조사한 후 그중에서 60곳이 부적합하다고 판정했다. 그러니까 4곳 중 1곳의 약수터 물을 마시면 안 된다는 판정이다. 2012년에서 2016년 사이에 광주에 있는 약수터 14곳 중 5곳이 마실 수 없는 약수터로 판정되어 폐쇄한 적이 있다. 2016년 부산에서도 약수터 167곳을 대상으로 1천 번 이상 수질검사를 했는데 그중에서 250번 정도가 부적합 판정이었다. 즉, 부적합 판정을 받은 비율이 25퍼센트나 되었다. 2018년 충청북도에 있는 약수터 60곳을 대상으로 한 수질검사에서 10곳이 기준치 초과 대장균 검출로 인해 부적합 판정을 받았다.

약수터 물의 수질검사 항목은 일반 세균, 총대장균군, 질산성 질소 등이다. 약수터 물에는 건강에 좋은 미네랄 성분이 많지만, 병을 일으킬 수 있는 세균을 포함한 곳도 있어서 주의해야 한다. 정기적으로 수질검사를 해서 안전하다고 판정이 난 약수터인지 확인하고 마신다면 안심할 수 있다.

별난 물의 성질

겨울이면 설악산의 기온이 섭씨 영하 10도 이하로 떨어진다. 이때가 되면 강원도 곳곳이 축제의 장이 된다. 해마다 백만 명이 넘는 관광객이

몰려오는 화천 산천어축제는 빙판 위에서 즐기는 산천어 낚시로 유명하다. 한겨울의 매서운 추위도 잊고 얼음판 위에 작은 구멍을 뚫고 낚싯줄을 내려서 산천어를 잡아 올린다. 금방 잡아 올린 물고기를 즉석에서 요리해 먹는 재미도 있어 얼음낚시는 인기가 높다.

가만히 생각해 보면 뭔가 좀 이상하다. 한겨울에 물이 꽁꽁 얼어서 고체가 되면 무거워 물 밑으로 가라앉아야 할 텐데 상황은 반대다. 심지어 밟고 올라가서 작은 얼음구멍을 뚫고 그 옆에 앉아 있어도 깨지지 않을 정도로 위쪽에 단단하고 두꺼운 고체 얼음이 있고, 그 밑으로는 산천어와 빙어가 돌아다니는 액체 물이 흐르고 있다. 보통 물체는 온도가 내려가면 꽁꽁 얼면서 부피가 줄어든다. 그런데 물은 그 반대로 꽁꽁 얼면 오히려 부피가 더 커진다. 그래서 고체가 된 물(얼음)이 더 가벼워서 액체인 물 위로 뜬다.

영국에서 북대서양 횡단을 위해 만든 여객선 타이타닉은 1912년 4월 10일에 첫 항해 도중 빙산과 충돌하여 침몰했고, 이 사고로 1,500명 이상이 사망했다. 이처럼 거대한 여객선이 빙산을 피하지 못하고 충돌한 이유는 바로 바닷물 위에 보이는 부분은 빙산의 극히 일부분이었기 때문이다. 즉 물 위에 보이는 빙산은 작더라도 그 물 아래에는 어마어마한 크기의 얼음이 있다.

물의 밀도는 1g/ml, 얼음의 밀도는 0.91g/ml이다. 따라서 얼음이 물보다 가벼워서 물 위에 뜬다. 그리고 얼음이 물에 떠 있을 때 91퍼센트는 물속에 있고 9퍼센트만 물 위로 노출된다. 그런데 바닷물은 맹물보다 밀도가 조금 높아 바다에 떠 있는 빙산은 맹물 위에 있을 때보다 조금 더 많은 부분이 바닷물 위로 노출된다.

물은 열용량이 커서 쉽게 데워지거나 식지 않는다. 예를 들어 양철 냄비에 라면을 끓일 때는 금방 달아올라서 끓지만, 무쇠 가마솥에 소뼈를 넣고 우려낼 때는 한참 시간이 지나야 끓어오른다. 이런 무쇠 가마솥처럼 물은 열용량이 커서 열을 많이 담을 수 있다. 이러한 물의 특성 때문에 한여름에 강렬한 햇볕이 내리쬐어 자동차나 바위가 열기로 달아올라도 호수나 바다의 물은 빨리 달아오르지 않는다. 낮에 강렬한 햇볕을 받아 수온이 올라간 호수나 바닷물은 해가 진 후 밤에 서서히 열기를 방출하며 식는다.

우리 몸에 물이 70퍼센트나 되기 때문에 이러한 물의 특성은 건강에도 직접적으로 중요하다. 뜨거운 사막으로 여행 갔는데 낮에 햇볕을 받아 그 열기로 갑자기 몸의 수분이 달아올라 급격히 체온이 상승한다면 살 수 없게 된다. 그러나 우리 몸의 수분은 급격히 달아오르지 않아서 체온을 유지할 수 있어 버틸 수 있다.

물은 다른 물질을 용해하는 놀라운 성질을 가지고 있다. 바닷가 염전에 바닷물을 가두고 햇볕을 쬐면 물이 증발하고 소금이 하얀 결정을 형성하며 소금꽃이 피어난다. 이처럼 바닷물은 투명해 보여도 그 속에 소금이 많이 녹아 있다. 바닷물을 직접 증발시켜 염전에서 생산하는 천일염에는 주성분인 염화나트륨($NaCl$)뿐만 아니라 다양한 미네랄 성분이 포함되어 있다.

식약처의 자료에 따르면, 천일염은 염화나트륨 80~85퍼센트, 칼슘 0.2퍼센트, 마그네슘 0.5~1.0퍼센트, 칼륨 0.1~0.17퍼센트 등의 성분으로 되어 있다. 이러한 주요 성분 외에도 다양한 물질이 아주 미량 녹아 있는데 최근에 이러한 미량 성분에 주목하는 과학자들이 있다.

컴퓨터나 휴대폰 같은 전자제품을 만들기 위해서 란탄(Lanthan, La)계열 원소와 같은 희토류 물질이 꼭 필요하다. 희토류는 말 그대로 희귀한 물질이라 매장량이 매우 적고 이마저도 몇몇 나라에서만 생산된다. 특히 우리나라는 전자제품의 핵심 부품이나 휴대폰을 만들어 수출하는 비중이 크기 때문에 희토류 물질을 다른 나라로부터 수입해서 쓴다. 그런데 요즘 희토류 물질을 가진 중국 등의 나라들이 다른 나라에 팔지 않으려는 조짐을 보여 국내 회사들이 긴장하고 있다.

바닷물에는 거의 모든 물질이 녹아 있다는데 혹시 바닷물에서 희토류 물질을 뽑아내어 쓸 수 있을까? 바닷물에 녹아 있는 희토류 물질의 농도가 매우 낮기는 하지만 가능한 일이다. 더욱이 바닷물은 거의 무한정으로 끌어다가 쓸 수 있다는 장점이 있다.

바닷물에는 금과 은도 많이 녹아 있어 바닷물에서 금과 은을 추출하려는 사람도 있다. 1990년에 보고된 미국 MIT 켈리 파크너 연구팀의 연구에 따르면, 30억 톤의 바닷물에 1온스(28.3그램)의 금이 들어 있을 것이라고 한다. 이것을 기반으로 지구상의 바닷물 전체에 포함된 금의 양을 계산하면 약 500톤 정도다. 현실적으로는 바닷물을 처리해서 금을 얻는 데 비용이 많이 들기 때문에 바닷물에서 금을 뽑아 돈을 벌 수는 없다. 그러나 언젠가 아주 적은 돈으로 바닷물에서 금을 추출하는 방법이 개발되면 육지의 금광이 아니라 바닷물에서 금을 캐는 날이 올지도 모른다.

물의 또 다른 중요한 성질은 상온에서 액체 상태로 존재한다는 것이다. 물이 액체인 것은 당연한데 이게 무슨 뜻일까? 분자량이 물과 비슷한 암모니아와 메탄은 상온에서 기체로 존재한다. 만약 물도 분자량이 비슷한 다른 물질들처럼 상온에서 기체로 존재한다면 우리 몸의 70퍼센트가 기체로 바뀌고, 바닷물과 강물도 액체가 아닌 기체로 존재하게 될 것이다.

물이 상온에서 액체로 존재하는 데에는 태생적인 원인이 있다. 수소 원자 2개와 산소 원자 1개가 결합해서 물 분자(H_2O)를 만든다. 이때 양팔 저울처럼 산소 원자를 중앙에 두고 양쪽 끝에 수평으로 수소 원자가 하나씩 붙은 구조가 되어야 할 텐데 그렇지 않다. 물 분자는 '∧' 모양으로 생겼는데, 중앙 꼭지에 산소 원자가 있고 꺾어진 가지 끝에 수소 원자가 하나씩 있으며, 그 꺾어진 각도가 약 104.5도다. 바로 여기에 놀라운 비밀이 숨겨져 있다. 이러한 구조로 인해 산소 원자가 있는 부분은 약한 음극을 띠고, 수소 원자가 있는 부분은 약한 양극을 띤다. 그래서 근처에 있는 다른 물 분자와 수소결합이 가능하다. 약한 음극을 띠는 산소 원자와 근처에 있는 다른 물 분자의 수소 원자 사이에 생기는 인력을 수소결합이라고 한다. 티끌 모아 태산이라고 아주 작은 물 분자들 사이에 작용하는 매우 약한 인력이지만 모이면 큰 힘을 낸다. 그래서 물이 다른 물질보다 쉽게 끓어서 기체가 되지 않고 상온에서 액체로 존재할 수 있다. 놀라운 104.5도의 기적이다.

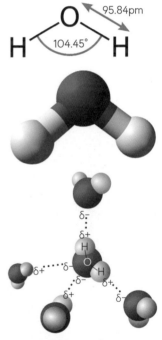

물 분자의 화학구조(위)와 물 분자 모형(중간) 및 물 분자들 사이의 수소결합(아래)

멋진 물의 기능

미국 캘리포니아 레드우드 국립/주립공원에 가면 100미터가 넘는 레드우드(Redwood, 미국삼나무)들이 있다. 100미터 달리기 트랙을 수직으로 세워 놓은 레드우드의 키는 아파트 40층 높이다. 나무는 뿌리에서 흡수한 물을 줄기와 가지 곳곳으로 보낸다. 식물세포가 목이 말라서라기보다는 나뭇잎에서 광합성을 하기 위해 물이 필요하다. 100미터나 되는 나무도 뿌리에서 물을 흡수해서 꼭대기 가지 끝까지 물을 보내야 한다. 어떻게 100미터나 되는 높이로 물을 보낼 수 있을까? 신비로운 현상이다.

공원의 호수에서 뿜어져 나오는 분수대의 시원한 물줄기는 위로 솟구쳐 올라가지만 얼마 못 올라가서 다시 바닥으로 떨어진다. 바로 중력 때

미국 캘리포니아 레드우드 국립/주립공원의 울창한 나무들

문이다. 중력을 거슬러서 100미터나 높은 곳으로 물을 보내려면 무척 센 수압이 필요하다. 강력한 펌프로 물을 밀어 올려도 100미터 높이로 물을 밀어 올리기가 쉽지 않다. 그런데 나무는 어떻게 물을 끌어 올릴까? 이 물음에 대한 일반적인 대답은 모세관현상, 증산작용, 응집력, 삼투압 등에 의해서 물이 뿌리에서 가지 끝까지 운반된다는 것이다.

모세관현상이란 물이 아주 가는 관의 벽을 타고 위로 오르는 현상이다. 이처럼 식물의 뿌리에서부터 줄기와 가지까지 아주 가는 관(물관)을 통해서 물이 저절로 올라가는 힘이 발생해서 올라간다는 설명이다. 모세관현상은 길고 가는 관에서만 발생하는 것이 아니다. 공간구조가 아주 작은 물체에서도 모세관현상이 일어난다. 식탁에 떨어진 물에 종이를 갖다 대면 물이 종이를 타고 빨려 올라가는 것을 볼 수 있는데 이것도 모세관현상에 의한 것이다.

그런데 모세관현상으로 높은 곳까지 물을 올리기에는 한계가 있다. 즉, 100미터가 넘는 나무 꼭대기까지 물이 올라가는 현상을 모세관현상만으로 설명하기는 어렵다. 그래서 다른 원인을 찾아 나서서 발견한 것이 잎에서 물이 증발하는 현상인 증산작용이다. 식물은 뿌리에서 물을 끌어 올려서 잎으로 보낸 후 광합성을 하는 데 사용하며, 이외에 다른 용도로도 사용한다. 즉, 낮에 잎에서 물이 증발되는 증산작용에도 물이 사용된다. 잎에서 물이 계속 증발하기 때문에 그 힘으로 뿌리에서 계속 물이 올라온다고 설명할 수 있다. 그러나 이 주장은 잎에서 뿌리까지 모든 연결통로에 물이 꽉 차 있어야 하며, 밤이나 겨울처럼 증산작용을 할 수 없을 때 물이 나무 꼭대기로 올라가는 것을 설명할 수 없다는 한계가 있다.

또 다른 주장은 물의 응집력과 삼투압 등의 작용 때문이라고 설명한다. 물은 점도가 없는 매우 묽은 액체다. 그런데 크기가 작아지면 물은 무척 끈적끈적한 액체처럼 작용한다. 쉽게 설명하면 수영할 때나 샤워할 때 물이 끈적끈적하다는 것을 느끼지 못하지만, 식탁 위에 떨어진 한 방울의 물에 손가락을 살짝 갖다 대고 들어 올리면 물이 손가락을 따라서 위로 끌려 올라오는 것을 볼 수 있다. 그리고 비 온 뒤 나뭇잎에 맺힌 물방울을 보면 구슬 모양으로 매달려 있다. 바로 물의 응집력 때문에 생기는 현상이다. 이러한 응집력을 통해 물이 뿌리에서 가지 끝까지 운반된다는 주장이다. 그러나 이것도 충분한 설명이 되지 못한다.

마지막으로 삼투압이 있다. 얇은 반투막을 사이에 두고 왼쪽에는 높은 농도의 용액이, 오른쪽에는 낮은 농도의 용액이 있으면 오른쪽에서 왼쪽으로 물이 반투막을 통해서 이동하는 현상이다. 그런데 이 삼투압도 뿌리에서 가지 끝까지 물을 운반하는 작용으로 설명하기에는 부족하다.

1~2미터도 아니고 100미터나 되는 나무의 뿌리에서 꼭대기까지 물을 어떻게 운반하는지 아직도 과학적인 원인을 제대로 밝혀내지 못하고 있다. 그렇지만 미국 캘리포니아를 비롯하여 세계 여러 곳에는 수십 미터에서 100미터가 넘는 큰 나무들이 있다. 이렇게 키가 큰 나무의 뿌리에서 가지 끝까지 물을 보내는 원리는 분명 물의 독특한 성질과 연관되어 있다.

지구에 온화한 기후가 유지되고 있어 식물이나 동물이 살 수 있다. 태양에서 아주 적당한 거리에 지구가 있으므로 너무 뜨겁지도 않고 너무 차갑지도 않은 온화한 온도를 유지할 수 있다. 또 다른 중요한 사실은 지구에 물이 많다는 것이다.

지구 주위를 도는 달은, 태양으로부터의 거리는 지구와 같지만 온도는 매우 다르다. 적도를 기준으로 달의 평균온도는 섭씨 영하 53도, 최고온도는 섭씨 127도, 최저온도는 섭씨 영하 183도 정도다. 낮과 밤의 온도 차가 300도가 넘고 밤에는 섭씨 영하 180도 이하로 내려가는 아주 극한의 온도를 보인다. 이런 달에서 과연 인간이 살 수 있을까?

지구에서는 온도 차가 아주 심한 지역이라 하더라도 50도 정도밖에 차이가 나지 않는다. 바로 물 때문이다. 바닷물과 구름 그리고 공기 중의 수증기 등과 같은 지구의 물이 온화한 기온을 유지하도록 해준다. 주변에 언제나 물이 많이 있어 그 소중함을 잊고 산다. 물이 많은 지구는 생명의 보금자리다. 우리 모두 소중한 물을 아끼고 환경을 잘 돌보며 살았으면 좋겠다.

4부

창의성

초연결 시대의
별난 생각과 도전

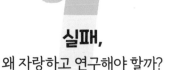

실패,
왜 자랑하고 연구해야 할까?

"여러분, 저는 이렇게 해서 실패했답니다"라며 사람이 많이 모인 광장에서 큰 소리로 자신이 실패한 이야기를 한다면 어떨까? 그 사람을 실패의 충격으로 정신이 이상해진 사람으로 생각할까? 그런데 그렇게 하는 사람이 있을 뿐만 아니라 한발 더 나아가 다른 사람들에게도 그렇게 하라고 권하는 사람들이 있다. 그들은 왜 자신의 실패를 자랑스럽게 말하고 떠드는 것일까?

실패해도 괜찮을까? 모두가 성공을 향해 달려가는 시대에 실패란 생각하기도 싫다. 그래서 늘 실패에 대한 두려움을 가지고 산다. 시험의 실패, 일의 실패, 사업의 실패, 프로젝트의 실패 등등. 실패하지 않고 성공하기 위해 안간힘을 쓰지만, 그리 쉬운 일이 아니다.

과학기술 분야도 마찬가지다. 모든 과학자가 자신의 연구과제가 성공하기를 바라며 땀 흘려 열심히 연구하지만 성공하기란 쉽지 않다. 그렇다고 실패하도록 내버려둘 수도 없다. 그런데 최근 과학기술 분야에서 '실패'를 바라보는 관점이 조금 달라지고 있다. 단순히 어떤 목표를 달성하지 못한 것으로 생각되던 실패가 다음 성공을 위한 소중한 자산으로 인식되기 시작한 것이다.

이번 여행에서는 성공이 아닌 '실패'를 만나 볼 것이다. 그리고 실패를 자랑하고 실패를 성공으로 뒤바꿔 놓은 사람들도 만나서 그 이야기를 들을 것이다. 이제 그토록 싫어하고 두려워하는 실패를 만나 보자.

'실패'를 보는 또 하나의 관점

실패를 주제로 한 박람회가 있다. 실패한 것들만 잔뜩 모아 놓은 박람회 말이다. 2018년부터 매년 행정안전부 주관으로 '실패박람회(Failexpo)'가 열리고 있다. 2018~2023년까지 5년간 실패박람회에 참여한 국민이 약 390만 명이고 지자체와 기관이 80곳이나 된다. 또한 이를 통해 발굴된 국민실패사례가 2023년 11월 기준 1,684가지나 된다. 2018년 '실패와 재도전'이라는 주제로 개최한 실패박람회에서 국립과천과학관은 '과학의 실패' 전시회를 열었는데, 천동설이 지동설로 바뀐 것과 연금술을 통한 화학의 발전 등의 내용으로 과학자들의 실패와 실패 극복 과정을 전시했다. 이 전시회를 열었던 국립과천과학관이 그다음 해에 대통령 표창을 받았다.

일반적인 박람회나 전시회에 소개되는 제품은 모두 성공한 결과물이다. 그러나 성공한 결과물 하나를 얻기 위해 그 이전에 수많은 실패한 결과물이 있었으리라는 것을 알 수 있다. 신이 아닌 사람이 새 제품을 개발하면서 처음 시도에서 곧바로 완전한 새 제품을 만들어 내는 것은 불가능한 일이다. 설령 완벽한 설계도를 가지고 신제품을 만들더라도 여러 시행착오를 겪으며 실패를 경험한 후에 마침내 성공한 결과물을 얻는다. 그런데 실패한 결과물이 다른 용도로 사용되어 성공한 결과물로 재탄생하기도 한다. 또 예상치 못한 우연한 발견으로 처음에 목표로 했던 것이 아닌 전혀 다른 제품을 발명하기도 한다. 바로 다음과 같은 제품들 말이다.

2021년 5월에 화학자 스펜서 실버가 세상을 떠났다. 바로 '포스트잇(Post-it Note)'을 발명한 사람이다. 20세기 최고 발명품으로 꼽히는 포스트잇은 실패 속에서 탄생한 보석 같은 성공작이다.

1968년 실버는 미국 쓰리엠(3M)에서 항공기 제작에 사용할 수 있는 강력한 접착제를 만드는 연구를 진행했다. 그런데 그가 만든 접착제는 접착력이 너무 약해 도저히 항공기 제작에 쓸 수 없는 실패작이었다. 그런데도 실버는 회사의 세미나에서 자기 실패작인 이 접착제를 발표했다. 그때 세미나에 참석한 그의 동료 아서 프라이가 멋진 아이디어를 떠올렸다. 그 무렵 프라이는 교회에서 찬송가 사이에 끼워 둔 책갈피가 자꾸 바닥으로 떨어져서 불편을 느껴 왔고, 그 책갈피에 실버가 만든 접착제를 바르면 책갈피가 찬송가 사이에서 떨어지지 않을 것이라고 생각했다.

1974년 프라이의 도움으로 실버가 만든 접착제는 새로운 제품을 만드는 데 사용되었다. 이 신제품은 1977년에 출시된 '프레스 앤 필'인데, 1980년에 '포스트잇'으로 제품명을 바꾼 후 미국뿐만 아니라 전 세계 많은 나라에서 큰 인기를 끌며 사무실의 필수 사무용품이 되었다. 실버가 만든 접착제는 항공기 제작에는 쓸 수 없는 실패작이었지만 포스트잇을 만드는 완벽한 접착제였다.

왼쪽부터 포스트잇을 발명한 아서 프라이와 스펜서 실버 그리고 포스트잇

　여기서 잠시 생각해 보자. 실버는 자기가 다니는 회사의 세미나에서 성공작이 아닌 실패작인 접착제를 발표했다. 그 모습을 상상하면 얼굴이 화끈거릴 수도 있다. 직장 동료들 앞에서 자신의 실패를 이야기하고 있으니 말이다. 또 다른 이상한 점은 그의 실패담을 듣고 있는 사람들이다. 직장에서 얼마나 할 일이 없으면 성공한 것이 아닌 실패한 것을 발표하는 세미나에 와서 진지하게 듣고 있었을까. 이러한 상황을 이상하게 생각하는 것은 우리나라 사람의 시각으로 바라보았기 때문이다.

　외국은 다르다. 외국 기업과 연구소들은 오래전부터 실패를 부끄러워하지 않고 떳떳하게 다른 사람에게 보여 주고 자유롭게 토론하고 협력하는 분위기였다. 쓰리엠도 실패한 것을 다른 직원에게 알리고 정보를 공유하도록 장려하는 기업 분위기가 있었다. 그래서 실버는 자신의 실패한 접착제를 당당하게 세미나 시간에 발표했고, 이를 진지하게 들었던 프라이가 좋은 아이디어를 내어서 포스트잇이 탄생하게 된 것이다.

　이제 우리나라도 실패를 바라보는 관점을 바꾸고, 자유롭게 공개하고 토론하는 분위기를 만들어 가야 한다. 그래야 포스트잇 같은 새로운 발명품이 많이 만들어질 수 있다.

이제 글로벌 제약사 화이자가 실패 사례를 어떻게 성공으로 바꾸었는지 살펴보자. 화이자는 심장질환인 협심증 치료제를 개발 중이었다. 이 치료 약의 효과를 확인하기 위해서 사람을 대상으로 한 임상시험을 진행했는데 약의 치료 효과가 별로 좋지 않았다. 그런데 일부 임상시험 참가자들에게 특이한 부작용이 나타나는 것을 발견했다. 화이자는 처음의 목표를 버리고 약의 부작용에 주목하여 발기부전 치료제 개발로 방향을 바꾸었다. 그렇게 화이자는 협심증 치료제 개발에는 실패했지만 발기부전 치료제를 개발하여 1998년 허가를 받아 대박을 터뜨렸다. 이것이 바로 그 유명한 '비아그라'가 탄생한 내력이다.

다음으로 전자레인지의 발명을 보자. 미국 군수업체 레이시온 테크놀로지스에서 퍼시 스펜서는 적군의 비행기를 빨리 찾아내기 위한 레이더 제작에 참여했다. 1945년 스펜서는 레이더의 필수장치인 마그네트론(강력한 마이크로파 전자기파를 생성하는 진공관) 실험을 했다. 그는 실험실에서 열심히 마그네트론을 작동시켜 실험한 후에 주머니에 넣어 두었던 초콜릿이 녹은 것을 보고 이상하다고 생각했다. 왜냐하면 실험실 온도가 초콜릿이 녹을 정도로 높지 않았기 때문이다.

스펜서는 우연히 이런 일이 생긴 것인지, 아니면 무언가 과학적인 원인에 의한 것인지 알아보기 위해 다른 음식 재료로 실험을 진행했다. 그는 옥수수 알갱이를 마그네트론 앞에 두고 작동시켰는데 옥수수 알이 열을 내며 터지더니 팝콘이 되었다. 곧이어 그는 마그네트론을 작동시키면 마이크로파가 발생하는데 이 마이크로파가 음식 재료의 물 분자를 진동시켜서 열을 낸다는 것을 알아냈다.

이렇게 해서 1947년 '레이더레인지 (Radarange)'라는 음식을 조리하는 전자레인지가 탄생하게 되었다. 당시 이 레인지는 높이가 어른 키만큼이나 되었고 무게는 300킬로그램이 넘었다. 이후 기술이 발달하여 요즘에는 라면 상자 크기 정도로 작고 가벼우면서도 성능이 뛰어난 전자레인지를 사용하고 있다. 이처럼 전자레인지는 음식을 조리하는 기구를 만들기 위한 실험을 하다가 개발한 것이 아니라 적군의 비행기를 탐지하는 레이더를 만들려다가 우연한 발견으로 발명하게 된 것이다.

1961년경 최초의 원자력 화물선 사바나(Savannah)에 설치된 레이시온의 레이더레인지

연구개발, 실패해도 괜찮을까?

연구개발(research and development, R&D)은 어렵다. 누구도 해결 방안을 내놓지 않은 문제에서 그 해결책을 찾는 것이 연구이니 당연히 어렵다. 그러나 산업과 경제 발전을 위해 새로운 기술의 연구개발은 무척 중요하다. 그래서 수십 년 전부터 각국 정부와 민간 기업에서 연구개발비를 많이 투입하고 있다.

2021년 우리나라는 연구개발 예산 100조 원 시대를 열었다. 이는 정부와 민간 연구개발비를 합한 금액으로, OECD 국가 중 5위를 차지했다. 우리나라의 국가 연구개발 예산은 2019년부터 4년간 20조 원에서

30조 원으로 급격하게 증가했다. 그리고 이렇게 예산을 투자한 연구과제 성공률이 무려 97퍼센트에 이른다. 이쯤 되면 우리나라에서 노벨상 수상자도 여럿 나오고 세상을 놀라게 하는 신기술도 많이 쏟아져 나올 것만 같은데 현실은 그렇지 못하다.

왜 그럴까? 많은 연구자가 실패하지 않을 안전한 수준의 연구 목표만 세워서 연구했기 때문은 아닐까? 또는 연구자가 도전적인 높은 수준의 연구 목표를 세웠다가 목표 달성에 실패한 것은 아닐까?

최근 과학계 내에서 자기반성의 목소리와 함께 변화를 이끌기 위한 시도가 이루어지고 있다. 바로 과학 연구에서 '실패'에 대한 관점의 전환과, 실패해도 괜찮으니 창의적이고 도전적인 연구를 하라고 장려하는 것이다. 정부는 2021년 2월에 국가과학기술자문회의 운영위원회를 열어 '국가연구개발 과제평가표준지침 개정안'을 심의했다. 이에 따르면, 연구과제 성과 평가에서 '실패'라는 용어를 사용하지 않기로 했고, 평가 결과 등급을 '우수, 보통, 미흡'으로 표준화하기로 했다. 그러나 부적절한 수행 또는 성과를 달성하지 못한 경우에는 '극히 불량' 등급을 주도록 했다. 또 정부는 〈과학기술기본법〉 시행령을 2021년 9월에 개정했다. 여기에는 실패할 가능성이 큰 도전적 연구개발을 장려하는 내용이 담겨 있다.

정부와 민간의 연구과제는 그 연구 목표를 달성해야 한다. 그러나 일부 연구과제는 실패도 허용하고 있다. 삼성전자가 2013년부터 1조 5000억 원을 출연하여 매년 연평균 1000억 원 정도의 연구비를 지원하는 '삼성 미래기술 육성 사업'은 실패를 허용하고 있다.

'삼성 미래기술 육성 사업'은 우리나라 기초과학을 발전시키고 산업기술을 혁신하며 사회문제를 해결하기 위한 공익사업이다. 그러니까 이 사업은 신제품을 개발하거나 우수한 기술의 개발만을 목표로 하지 않는다. 사회에 도움이 되는 연구를 지원하기 위한 공익사업이다. 특히 연구자가 도전적인 연구 목표를 세워서 진행하다가 목표를 달성하지 못했더라도 책임을 묻지 않는다. 대신 실패의 원인을 파악하여 지식 자산으로 활용하도록 한다.

2022년 상반기에 삼성 미래기술 육성 사업으로 27개 과제가 선정되었다. 차세대 반도체, 가상화 시스템 운영체제 등 미래 신기술과 노화 메커니즘 규명 등 인류가 가진 문제를 해결하기 위한 27개 과제에 연구비 486억 원 정도가 지원되었다.

2021년 9월 정부 출연 연구원인 한국과학기술원(KIST, 카이스트)도 실패를 허용하는 연구과제 3개를 선정하여 지원한다고 밝혔다. 즉 'KIST 그랜드 챌린지 사업과제'로 '자폐 조기진단 및 치료', '면역 유도 노화 제어', '인공 광수용체 시각 복원' 등 3개 과제가 선정되어 연구비를 지원받았다. 이처럼 연구자가 성실하게 열심히 연구를 진행했는데도 목표를 달성하지 못했을 경우 그 책임을 묻지 않고 실패를 허용하는 연구과제가 최근에 늘어나고 있다. 이러한 상황에서 연구자는 더욱더 창의적이고 도전적인 어려운 연구주제를 정해서 실패할 두려움을 갖지 않고 열심히 연구에 매진할 수 있는 환경이 조성되고 있다.

실패를 자랑하고 연구하자!

2010년 10월 13일 핀란드에서 '실패의 날'이 처음 제정되었다. 이후 2년이 지난 2012년에 '세계 실패의 날'이 탄생했다. 이날은 자신의 실패를

행정안전부에서 펴낸 2022 실패박람회
사례집(출처: 행정안전부)

공개적으로 당당하게 말하며 실패담을 나누는 날이다. 세계 실패의 날 행사의 슬로건은 이렇다. "만약 당신이 실패한 적이 없다면 당신은 새로운 일을 전혀 시도한 적이 없기 때문입니다." 새로운 일에 도전하는 것은 흥미진진한 일이면서 동시에 실패할 위험도 감수해야 하는 일이다. 설사 도전이 실패로 끝나더라도 무가치한 것이 아니다. 도전 과정에서 얻은 소중한 자산들이 남아 있어서 가치 있는 것이다.

2009년 미국 샌프란시스코에서 시작된 '페일콘(FailCon)'이란 학회가 있다. 이 학회는 벤처 사업가들이 자신의 실패담을 자랑스럽게 공개적으로 나누는 모임이다. 이 학회가 큰 호응을 얻으면서 미국뿐만 아니라 프랑스, 일본 등 세계 여러 나라에서 열리는 실패 학회로 자리 잡았다. 우리나라에서도 2018년부터 매년 '실패박람회'가 행정안전부와 중소벤처기업부 주최로 열리고 있다. 이 박람회는 실패에 관한 국민의 인식을 전환하기 위한 목적으로 다양한 실패 사례를 나누고 공감하는 장으로 열리고 있다. 이를 통해 실패를 단순한 실패로 끝내는 것이 아니라 실패 경험을 사회적 자산으로 만들고 다시 힘을 내어 도전할 수 있도록 응원해 주는 장으로 이어가고 있다.

이뿐만 아니라 정식으로 실패를 연구하는 연구소도 최근에 등장했다. KAIST는 '실패연구소'를 2021년 6월에 설립했다. 2021년 KAIST 총장으로 취임한 이광형 총장은 실패연구소를 만들겠다고 밝혔고, 이는 KAIST 구성원들이 실패의 두려움 없이 과감한 도전정신을 갖도록 하기 위한 것이라고 했다. 이 연구소는 과학 연구 분야와 사회 전 분야의 실패를 연구 대상으로 삼고 있다.

큰 성공을 이룬 사람은 실패를 겁내지 않는다. 중국 알리바바그룹의 마윈 회장은 실패를 두려워해서는 안 된다며 실패에서 배우면 그것이 자양분으로 바뀐다고 말했다. 그리고 미국 테슬라 모터스의 일론 머스크는 만약 실패하지 않았다면 충분히 혁신적이지 않다고 말했다.

지금까지 '실패'냐 '성공'이냐 같은 이분법적인 생각으로 어떤 일을 판단해 왔다면 이제 조금 다른 각도에서 바라보며 실패에 담긴 소중한 의미와 가치를 발견하기 바란다.

인생의 길은 등산과 같다. 목표로 하는 산 정상까지 가는 도중에 작은 산과 고개를 여러 개 넘어가고 계곡도 지나게 된다. 이제 어떠한 일에 실패했을 때 다음 고개를 넘기 전에 계곡을 지나고 있다고 생각하면 어떨까. 그리고 계획을 세울 때 가끔은 실패할 수도 있는 도전적인 목표를 하나 정도 슬쩍 끼워 넣고 도전해 보는 것도 좋다.

미술,
과학과의 색다른 만남이라?

　인공지능이 그린 그림이 미국 미술대회에서 1등을 차지하여 난리 났다. 2022년 9월에 열린 콜로라도 주립 박람회 미술대회에 제이슨 앨런은 인공지능을 이용하여 그린 〈스페이스 오페라 극장(Theatre D'opera Spatial)〉이라는 미술 작품을 출품했다. 그런데 이 작품이 1위에 오른 것이다. 이에 앨런이 붓질 한 번 하지 않고 인공지능을 시켜서 그린 그림을 예술 작품이라고 할 수 있는지에 관한 논란이 뜨겁게 일었다.

　앨런이 한 일이라고는 자기가 생각하는 그림에 대한 설명 문구를 만들어 인공지능에게 준 것뿐이다. 앨런이 준 설명문을 받아서 그림을 그린 것은 인공지능이었다. 이렇게 그린 그림을 미술대회에 출품해도 될까? 그러나 앨런은 대회에 출전할 때 인공지능을 이용해서 그린 그림이라고 밝혔기 때문에 문제가 없다고 주장했다.

　인공지능이 그린 그림은 예술 작품일까? 인공지능에게 그림을 그리도록 하고 그 그림을 시킨 사람이 큰돈을 받고 다른 사람에게 팔아도 될까? 인공지능은 돈이 필요 없다. 전기만 공급하면 밤새도록 일할 수도 있다.

과학은 개인의 주관적인 감성이 아니라 이성적이고 객관적인 방법으로 연구하는 학문이다. 그러나 예술은 작가의 주관적인 감성과 철학으로 작품을 만드는 분야다. 이처럼 서로 다른 세계에 살고 있어야 할 과학과 예술이 최근 밀애를 즐기고 있다. 과학 실험실에 있을 법한 물건들이 미술관에 버젓이 전시되고 첨단 과학을 연구하는 과학자들이 모여서 미술가의 강의를 듣는다. 그뿐만 아니라 과학자가 만든 인공지능이 예술가처럼 미술 작품을 그리고 있다.

이번 여행에서는 미술과 과학의 융합을 살펴볼 것이다. 이를 통해 '창의성'이나 '아이디어'의 실체가 무엇인지도 함께 생각해 볼 것이다. 이제 과학과 미술이 만나 핑크빛 사랑을 키워 가는 현장으로 가 보자.

생물 실험기구를 전시한 미술관

곰팡이를 연구한 파스퇴르의 실험실에서나 볼 것 같은 곰팡이와 박테리아가 가득 피어난 플라스크가 미술관에 전시되었다. 피카소의 그림처럼 추상화를 볼 생각으로 놀러간 대전시립미술관에서 나는 세계관이 충돌하며 깨지는 경험을 했다. 버리기 아까운 마음에 세탁기 뒤편 구석에 처박아 둔 잡동사니처럼 실험실 구석에서 케케묵은 냄새를 풍기며 놓여 있던 실험기구들이었다. 그 곰팡내 나는 그릇들이 버젓이 미술관의 가장 좋은 자리에서 화려한 조명을 받으며 미술품 노릇을 하고 있었다. 단지 장소만 바뀌었을 뿐인데 무척 달라 보였다. 이를 통해서 과학이 예술이 될 수 있다는 것을 배웠다.

이는 대전시립미술관의 '바이오' 특별전으로 '2018 대전비엔날레' 행사의 하나였다. 2018년 가을, 과학의 도시 대전에서는 '아트 인 사이언스'(기초과학연구원), '바이오 에티카'(한국화학연구원), '아티스트 프로젝트'(창작센터와 KAIST 비전관), '바이오 판타지'(DMA 아트센터) 등도 함께 열렸다.

이같이 동물이나 식물 같은 생명체를 연구하는 생물학(Biology)과 예술(Art)이 만나서 '바이오아트(Bioart)'라는 새로운 예술 장르가 탄생했다. 바이오아트라는 용어는 1997년 브라질 출신 예술가 에두아르도 칵의 〈타임 캡슐(Time Capsule)〉이라는 작품에서 비롯되었다. 대표적인 바이오아트 작가인 미국의 수잔 앵커는 1990년대 초부터 식물 표본, 실험기구, 의학 도구, 설치 미술, 사진 등 다양한 재료를 사용하여 바이오아트 작품을 만들고 있다. 또 네덜란드 출신의 바이오아트 예술가 얄릴라 에사이드는 염소젖과 거미줄 단백질을 융합하여 '방탄 피부'를 만든 후 여기에 코발트 크롬을 합쳐서 심장 모양의 〈우징 라이프(Oozing Life)〉라는 작

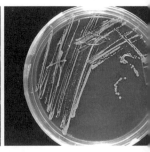

일반적인 미술관 풍경(왼쪽)과 바이오아트 소재로 쓰이는 미생물을 배양한
삼각플라스크(가운데)와 박테리아를 배양한 우뭇가사리 플레이트(오른쪽)

품을 내놓았으며, 미국의 바이오아트 예술가 헌터 콜은 생체 발광 박테리아로 〈리빙 드로잉(Living Drawing)〉 시리즈를 제작해 2주일 동안 합성 박테리아가 성장하고 죽어 가는 과정을 보여 주었다.

점차 미술관에서 과학을 주제로 한 특별전이 많이 열리고 있다. 2014년에도 대전시립미술관 주관으로 '과학예술 콘퍼런스'가 열렸는데 카이스트에서 뇌를 연구하는 과학자들과 문화예술계 예술인들이 만나 과학과 예술의 상관관계를 주제로 토론했다. 생각해 보면 똑같은 하나의 뇌로 과학 연구도 하고 미술품도 감상하고 있으니 이러한 행사가 이상할 것도 없는 듯하다.

과학과 미술의 만남

미술관에서 만난 과학을 얘기했으니 이제 과학 연구원에서 만나는 미술을 보자.

2012년 대전에 있는 과학기술연합대학원대학교에서 '과학기술과 예술, 우린 원래 하나다!'라는 주제로 행사가 열렸다. 이때 이응노미술관 이지호 관장을 초청하여 미술 강의를 들었는데 그는 과학과 미술은 이미 하나가 되었다고 강연했다.

2017년 국립과천과학관이 개최한 '사이아트(Sci-Art)'에는 '상상하는 미술전'이라는 주제로 과학과 예술의 융합이 만들어 낸 멋진 작품들이 전시되었다. 특히 첨단 과학 장비를 사용해서 아주 작은 세상을 촬영한 사진들이 인기를 끌었다. 그중 〈뇌 속의 유성우〉라는 작품은 배아의 대뇌피질 신경세포를 형광단백질을 이용하여 초록색, 빨간색, 원적외선 등의 색으로 촬영한 작품이다. 신기하게도 뇌 신경세포의 모습이 밤하늘에서 떨어지는 별똥별을 연상시킨다. 이외에도 〈그래핀 벌집〉, 〈눈 속에 펼쳐진 무지갯빛 혈관〉 등의 작품이 전시되었다. 과학자들이 실험하다가 찍은 사진이지만 멋진 미술 작품으로 전시된 것이다.

2022년 7월 인천서구문화재단이 개최한 '아트 버튼_배러(Art Button_Better)'에서는 인공지능, 움직이는 기계 등 과학기술을 이용한 융합 예술 작품이 전시되었다. 일반적으로 미술관에 가면 미술 작품을 눈으로만 감상하는데, 이 전시에는 관람객 체험형으로 기획되어 상상화가 그려진 벽을 관람객이 터치하여 새로운 작품으로 만드는 인터랙티브 미디어아트(Interactive MediaArt) 〈행성 트래킹〉, 관람객이 밟으면 소리와 빛이 나는 것 등도 있었다. 그리고 '미술이 기술을 만난 썰'이란 특강도 진행되었다.

최근 공공미술은 가상현실(VR)이나 증강현실(AR) 같은 첨단기술을 적극적으로 활용하고 있다. 2017년 미국의 현대 미술가 제프 쿤스의 〈벌룬 독(Balloon Dog)〉은 도시 공원이라는 실제 공간에 가상 이미지를 겹쳐서 보여 주는 증강현실 기술을 활용한 설치미술 작품이다. 2019년 애플은 체험형 그룹 세션을 제공하는 '투데이 앳 애플(Today at Apple)' 프로그램을 내놓았다. 이는 증강현실 기술을 활용하여 지역사회와 세계적으로 유명한 예술가의 작품을 산책하는 것처럼 증강현실로 경험할 수 있도록 제공하는 프로그램이다.

2018년 가을에 한국예술종합학교에서 '예술은 과학일까? 과학은 예술일까?'라는 주제의 시리즈 특강이 진행되었다. 디자인, 생명과학, 물리, 천문 등을 전공한 강사들이 과학과 예술에 관한 강의를 했다. 이를 통해 우리 시대의 첨단 과학기술과 예술의 결합 가능성에 관해 생각하고 토론하는 시간을 가졌다. 그리고 2021년 KAIST는 '인공지능과 예술(AI+ART)' 국제포럼을 열어 예술 영역 내 인공지능의 역할을 논의했다. 이 포럼에서 '기계는 예술을 만들 수 있는가?'라는 주제로 글로벌 IT 기업 어도비(Adobe)의 애런 헤르츠만 박사가 발표했고, '뉴미디어아트: 현대예술의 최전선'이라는 주제로 KAIST미술관 이진준 관장이 발표했으며, 인공지능과 사람 예술가가 함께 예술 활동을 하는 것에 대해 발표하고 논의했다. 이제 인공지능과 함께 살아가는 것을 넘어서 예술도 함께 하는 시대가 막 시작되었다.

미술, 첨단 과학으로 빛을 발하다

대전시립미술관에서 백남준의 비디오아트 작품을 만나 볼 수 있다. 백남준은 비디오아트의 창시자이며 최고의 비디오아트 예술가다. 1993년에 열린 대전세계박람회(대전엑스포)에서 브라운관 텔레비전 300대 이상을 연결하여 만든 백남준의 작품 〈프랙탈 거북선〉이 전시되었다. 당시 1400만 명이나 되는 관람객의 시선을 사로잡은 이 작품은 대전엑스포가 끝난 후 7년 동안 지하 창고에 처박혀 있다가 복원되어 2001년부터 대전시립미술관 2층 로비에 전시되었다.

그러나 이 전시물은 대전엑스포 당시에 만든 원형 그대로가 아닌 조금 축소된 크기로 복원된 작품이었다. 이에 세계적인 비디오아트 거장인 백남준의 작품을 원형 그대로 복원해야 한다는 목소리가 나왔고, 2022년 309대 브라운관 모니터로 구성된 〈프랙탈 거북선〉을 원형 그대로 복원하는 작업이 진행되었다. 이제 대전시립미술관에 가면 원형으로 복원된 〈프랙탈 거북선〉을 만나 볼 수 있다.

대전시립미술관이 발간한 세계적인 비디오 아티스트 백남준 <프랙탈 거북선> 도록. 수장고 개관과 백남준의 <프랙탈 거북선> 이전·복원의 전 과정이 담겨 있다.

옛날에는 종이에 그림을 그리고 돌을 조각하여 형상을 만드는 방식으로 예술 작품을 제작했지만, 과학기술이 발달함에 따라 예술 작품을 만드는 방식도 자연스럽게 변화하고 있다. 백남준의 비디오아트는 텔레비전이 발명되고 방송기술이 발전했기 때문에 가능한 예술 분야였다. 텔레비전은 1920년대 후반에 등장했고, 1950년대에 외국에서 수입한 흑백 텔레비전이 우리나라에 처음 등장했다. 1956년 우리나라 최초로 텔레비전 방송이 시작되었다. 이렇게 과학기술의 발달로 인해 예술의 영역은 폭이 넓어지고 다양해졌다.

최근엔 과학기술을 이용하여 더욱 다채로운 작품들이 선보이고 있다. 국립중앙박물관에 가면 '열린마당' 실감 전광판을 만날 수 있다. '형형색색의 시간, 빛나다' 프로그램은 다양한 소장품의 색채, 형상, 재질 등을 시각화하여 표현한 영상이다. 그리고 '옛 그림이 살아나다(AR)' 프로그램은 〈맹호도〉, 변상벽의 〈묘작도〉, 이암의 〈모견도〉 등 옛 그림 속의 동물들을 스크린으로 불러와 관람객이 있는 공간을 변화시키는 증강현실 콘텐츠다. 이외에도 살아 움직이는 것 같은 미술 작품이 여럿 전시되어 있다.

요즘 국내외 여러 미술관이나 박물관에 가면 전시관의 벽에서 살랑살

랑 바람에 흔들리는 나뭇잎과 아름다운 정원에서 나비가 꽃들 사이를 날아다니는 움직이는 미술 작품을 종종 만날 수 있다. 이렇게 죽은 듯이 가만히 제자리에 머물러 있는 미술 작품을 과학기술이 살아 움직이도록 해주고 있다. 그뿐만 아니라 관람객과 공감하며 서로 의견을 주고받는 미술 작품도 하나둘 늘어나고 있다.

2022년 8월 대전시립미술관은 예술과 과학기술을 연결한 더욱 아름다운 〈미래도시〉를 주제로 국제콜로키움을 열었다. 국제콜로키움에서 환경문제와 첨단기술, 그리고 도시 공간에 대해 서로 토론하며 더 나은 미래를 만들기 위한 의견들을 나누었다. 이처럼 미술과 과학기술은 서로 다른 영역에 있지만, 가끔 만나서 더 행복한 미래를 만들기 위해 머리를 맞대기도 한다. 이러한 만남으로 우리의 하루하루가 더 아름다워지고 풍요로워지며 재미있어질 것이다.

인공지능 화가의 미술 작품

2018년 인공지능이 그린 그림이 미국 뉴욕에서 열린 크리스티 경매에서 5억 원에 팔렸다. 그리고 2021년에도 인공지능 로봇이 그린 〈소피아〉라는 그림이 홍콩에서 열린 경매에서 7억 원에 팔렸다. 인공지능은 돈이 필요 없을 텐데 이 돈은 누가 가져갔을까? 인공지능이 그린 그림이 고가에 팔리는 것을 보면 인공지능이 유치한 그림을 그린다고 할 수 없을 것 같다. 얼마 전부터 예술가들이 인공지능에 눈독 들이기 시작했다.

과학자들도 첨단기술을 이용하여 미술 작품을 만드는 일에 뛰어들고 있다. 카타르의 하마드 빈 칼리파대학교 공과대학 교수인 제임스 쉐는 인공지능으로 미술 작품을 만든다. 캐나다 워털루대학에서 컴퓨터 공학 전공으로 박사학위를 받은 그는 최근에 인공지능과 디지털 기술을 이용해 예술과 문화에 관한 연구를 하며 작품 활동도 한다. 그는 2022년 7월에 우리나라에서 개인전도 열었다.

우리도 인공지능을 이용해서 그림을 그릴 수 있을까? 이제 어린아이를 포함하여 누구나 인공지능으로 그림을 그릴 수 있는 시대가 되었다. 누구나 스마트폰이나 컴퓨터를 사용할 수 있는 것처럼 누구든 인공지능을 사용할 수 있는 시대가 된 것이다.

2022년 초 미국의 오픈에이아이(OpenAI)가 이미지를 만들어 내는 '달리2(DALL·E2)'라는 인공지능을 만들어 공개했다. 달리2는 사용자가 문장이나 이미지를 입력하면 이것을 이용해서 그림을 그려 보여 준다. 월 2만 원 정도의 사용료를 내면 달리2를 115회 사용할 수 있다. 이후 사용자가 자신이 원하는 그림에 대한 문자를 입력하면 달리2 인공지능이 그림을 네 개 그려서 보여 준다. 그러면 사용자가 그중 마음에 드는 그림을 골라서 사용하면 된다. 이는 그냥 재미 삼아 그려 보는 단순한 취미

<진주 귀고리를 한 소녀>. 인공지능 달리2의 그림(왼쪽)과
요하네스 페르메이르의 그림(원본, 오른쪽)

수준의 그림을 넘어서 전문적인 미술 작품과 디자이너의 창작품으로까지 사용될 수 있다. 따라서 이러한 그림을 그리는 인공지능은 어린아이부터 일반인과 전문가 등 누구나 사용할 수 있으며 이로 인한 파급효과가 매우 클 것으로 예상된다.

이처럼 인공지능이 그림을 그리는 것이 일반화되면 미술가나 디자이너의 일자리가 줄어들고 인공지능과 경쟁하게 되어 위기 상황에 놓일 수 있다. 그렇지만 인공지능과 같은 첨단기술은 새로운 일자리와 활용 분야를 만드는 긍정적인 효과도 있다.

어원이 같은 예술과 과학기술

레오나르도 다빈치는 〈모나리자〉를 그린 화가로 유명하다. 프랑스 파리에 있는 루브르 박물관은 〈모나리자〉를 보려는 관광객들로 늘 북적인다. 그만큼 〈모나리자〉는 보는 이에게 커다란 감동을 불러일으킨다. 그런데 여러 사전에는 레오나르도 다빈치를 화가, 조각가, 발명가, 건축가, 기술자, 해부학자, 식물학자, 도시계획가, 천문학자, 지리학자, 음악가 등으로 소개되어 있다. 이처럼 옛날에는 과학과 예술이 하나였다. 그렇지만 18세기를 지나 19세기가 되면서 과학과 예술이 분리되었다.

예술을 뜻하는 영어 art(아트)의 어원은 라틴어 ars(아르스)이며, ars는 그리스어 techne(테크네)에서 유래했다. 그런데 바로 이 techne에서 과학기술을 뜻하는 technique(테크닉)과 technology(테크놀로지)가 생겨났다. 그러니까 예술과 과학은 하나의 어원에서 탄생한 쌍둥이인 셈이다. 요즘도 예술가나 과학자나 새로운 아이디어에 늘 목말라하는 것을 보아도 둘은 닮아 있다.

인류 최초의 미술 작품은 선사 시대에 만들어진 프랑스 라스코 동굴 벽화와 에스파냐의 알타미라 동굴벽화다. 그리고 우리나라 울산에 가면 울주 대곡리 반구대 암각화를 볼 수 있다. 반구대 암각화는 신석기 말에서 청동기 시대에 만들어진 것으로 추정되고 있는데, 바위에 고래, 호랑이, 멧돼지, 사슴 등 여러 육지 동물과 바다 동물 그리고 사냥하는 모습 등 200여 점의 그림이 새겨져 있다.

이렇게 미술은 인류의 시작과 함께 탄생했고 과학기술의 발전에 힘입어 성장해 왔다. 이제 모든 것이 연결된다는 초연결 시대를 맞아 과학기술과 예술이 함께 새로운 세계를 만들어 가고 있다. 이에 따라 우리는 그 안에서 더욱 아름답고 풍성한 즐거움을 만끽하게 될 것이다.

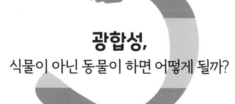

광합성,
식물이 아닌 동물이 하면 어떻게 될까?

사람도 식물처럼 광합성을 하면 얼마나 좋을까? 그럼 점심시간에 물 한 잔 마시고 벤치에 누워서 햇빛을 쬐기만 하면 몸속에서 포도당이 만들어져 배가 부를 텐데. 이런 생각은 누구나 한 번쯤은 해봤을 것이다. 식물은 뿌리에서 물을 끌어 올려서 나뭇잎으로 보낸 다음에 햇빛을 받아 광합성을 한다. 식물은 광합성을 통해 포도당을 만들어 살아가는 반면에 사람은 밥이나 빵을 먹고 소화시킨 후 포도당 등의 에너지원으로 살아간다. 사람에게는 식물처럼 광합성을 할 수 있는 재주가 없다. 그래서 밥을 먹어야 하고, 몇 시간 후 다시 배가 고파지면 또 밥을 먹어야 건강을 유지하며 살 수 있다.

식물처럼 광합성을 하는 동물이 있을까? 만약 이런 동물이 있다면 어떻게 광합성을 할까? 이번 여행에서는 이러한 궁금증을 해결해 가며 생각의 폭을 넓히게 될 것이다. 만약 식물만 광합성을 할 수 있다고 생각한다면 이제 그 생각을 버려야 할지도 모른다. 그럼 광합성을 하는 동물을 만나 보자.

진딧물이 광합성을 한다?!

농부가 우유를 얻으려고 젖소를 키우는 것처럼 개미는 진딧물을 돌본다. 사람에게 진딧물은 식물의 진액을 빨아 먹는 해로운 곤충이지만, 개미는 진딧물의 꽁지에서 나오는 달콤한 액체를 받아먹기 위해서 정성껏 진딧물을 돌본다. 바로 이 진딧물이 광합성을 한다. 2012년 프랑스 소피아농생명공학기관의 알랭 로뷔숑 연구팀은 진딧물이 광합성을 한다는 사실을 발견하여 보고했다. 이 보고는 곤충이 광합성을 한다는 것에 대한 첫 발견이었기 때문에 큰 관심을 끌었다.

이 연구팀은 진딧물이 몸속에서 직접 카로티노이드 색소를 합성해서 광합성에 이용한다는 것을 밝혀냈다. 카로티노이드 색소는 청색 빛을 흡수하는 색소로 광합성에 사용된다. 연구원들은 주황색 진딧물(*Acyrthosiphon pisum*)이 햇빛이 잘 드는 곳에서 생체 에너지원인 ATP(Adenosine Tri-Phosphate, 아데노신 3인산)를 많이 만드는 것을 관찰했다. 또 어두운 곳에서 ATP 생산량이 급격히 줄어드는 것도 확인했다. 이러한 실험 결과는 진딧물이 햇빛을 받아서 에너지원을 만드는 광합성을 한다는 것을 보여 준다.

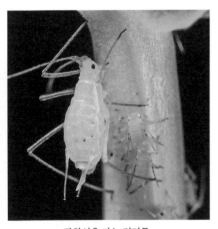

광합성을 하는 진딧물

갯민숭달팽이는 어떻게 광합성을 할까?

초록색 배춧잎처럼 생긴 엘리지아(*Elysia chlorotica*)는 바다에 사는 갯민숭달팽이의 한 종류로 광합성을 한다. 광합성을 하려면 식물세포에 있는 엽록체가 있거나 광합성에 사용하는 색소가 있어야 한다. 그런데 엘리지아는 엽록체나 색소를 몸속에서 만들지 못한다. 그런데도 광합성을 하는 신기한 동물이다. 사실 엘리지아가 광합성을 한다는 것은 이미 1970년대에 알려졌지만 어떻게 광합성을 하는지는 1990년대에 이르러 자세히 밝혀졌다.

엘리지아는 진딧물처럼 광합성에 이용하는 색소를 몸속에서 만들지 못하는 대신에 광합성을 하는 바우체리아(*Vaucheria litorea*)라는 조류(藻類)를 먹은 뒤 그 엽록체를 소화시키지 않고 몸속의 세포로 보낸다. 즉, 광합성을 하는 엽록체를 조류에게서 빼앗아 자기 몸속으로 넣는 것이다. 이렇게 엘리지아의 몸속 세포로 들어간 엽록체는 이후 몇 달 동안 열심히 광합성을 하면서 포도당을 만든다는 것이 밝혀졌다. 그뿐만 아니라 2008년 미국 메인대학의 메리 룸포 교수팀은 엘리지아가 조류에게서 빼앗은 엽록체가 광합성을 잘하도록 돕는 여러 단백질을 자기 유전자를 이용해 만든다는 것을 발견했다.

갯민숭달팽이류의 엘리지아는 조류인 바우체리아의 엽록체를 이용하여 광합성을 한다.

우리는 엘리지아처럼 조류를 먹은 후 조류의 엽록체를 세포로 보내지 못한다. 우리는 엽록체가 듬뿍 든 싱싱한 배춧잎을 먹으면 위에서 위산에 의해 분해되고 소화되어 사라지고 만다. 엘리지아가 조류의 엽록체를 자기 세포로 보내서 광합성을 하는 것은 무척 신기한 일이다.

바닷속 산호는 식물이 아니라 엄연한 동물이다. 놀라운 사실은 산호도 엘리지아처럼 광합성을 한다는 점이다. 산호는 식물처럼 스스로 광합성을 하는 것이 아니라 광합성을 하는 조류(황록공생조류, Zooxanthellae)를 몸속으로 받아들여서 공생관계를 유지하는 방법을 사용한다. 조류는 산호 속에서 살 곳을 얻고, 산호는 조류가 생산하는 광합성 결과물을 얻는 방식으로 서로 공생하는 것이다. 그런데 최근 지구온난화로 산호가 사는 바닷물의 수온이 상승하여 조류가 살기 어려운 환경이 되었다. 이로 인해 산호와 조류의 공생관계가 깨지고 산호가 백화되어 죽어가고 있다.

빛을 먹고 사는 세균도 있을까?

보통 세균이라고 하면 식중독을 일으키는 대장균이나 살모넬라 등이 생각난다. 세균은 수 마이크로미터 정도로 너무 작아서 우리 눈에 보이지도 않는다. 이러한 세균 중에 식물처럼 광합성을 하면서 살아가는 광합성 세균이 있다. 빛을 받아 광합성을 하면서 살아가므로 빛을 먹고 사는 세균이라 할 수 있다. 광합성을 할 수 있는 엽록소를 세포 속에 가지고 있는 시아노박테리아(Cyanobacteria)가 그 예다. 시아노박테리아는 남조류나 남세균이라고도 하는데 여름철에 강이나 호수의 녹조현상을 일으키는 주범이다. 특히 오염이 심한 강과 호수에서 시아노박테리아가 급속하게 증식하여 녹조를 심하게 일으킨다.

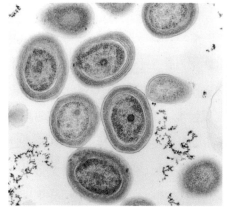

광학현미경으로 본 시아노박테리아(왼쪽)와
시아노박테리아의 증식으로 발생하는 녹조(오른쪽)

최근에 시아노박테리아나 자색세균(Purple photosynthetic bacteria) 같은 광합성 세균을 이용하여 값진 화학물질을 생산하기 위한 연구가 진행되고 있다. 광합성은 말 그대로 빛을 받아서 물질을 합성하는 것이다. 보통 광합성 세균에게 빛을 쬐어 주면 식물처럼 포도당을 합성한다. 그런데 특별한 화학물질을 합성하게 하는 유전자를 세균에게 넣어 주고 햇빛을 쬐어 주면 그 화학물질을 만들어 낸다. 이와 같은 광합성 세균의 인공대사를 통해 에탄올, 지방산, 부탄올, 락트산 등 여러 화학물질을 만들 수 있고, 화학 소재, 바이오 연료, 플라스틱 등도 생산할 수 있다.

그러나 아직 이러한 방법을 이용한 특정 화학물질의 대량생산은 어렵다. 그 이유는 연구가 초기 단계라 더 많이 연구하여 기술을 개발해야 하기 때문이다. 미래에는 광합성 세균을 이용해서 값비싼 화학물질을 많이 생산할 것으로 기대된다.

말벌과 도롱뇽의 광합성

이스라엘 텔아비브대학의 마리안 플로트킨 연구팀은 동양말벌(*Vespa orientalis*)이 자외선을 이용하여 직접 전기를 만든다는 것을 발견했다. 동

빛에너지를 전기에너지로 바꾸는 동양말벌

양말벌은 몸에 붉은빛을 띤 갈색과 노란색 줄무늬가 있는데, 노란색 줄무늬에 잔토프테린(Xanthopterin)이라는 특수 색소가 있다. 동양말벌이 이 특수 색소와 표피 구조를 이용하여 빛에너지를 전기에너지로 바꾼다는 것이 밝혀졌다. 이렇게 생산된 전기는 동양말벌의 신진대사를 촉진하는 데 이용할 것으로 추정된다.

2010년 《네이처》에 도롱뇽이 광합성을 이용한다는 뉴스가 실렸다. 척추동물인 도롱뇽이 광합성을 이용한다는 것을 연구한 캐나다 멜하우지대학의 리언 커니 연구팀의 발표였다. 이는 척추동물이 광합성을 이용한다는 것에 대한 첫 발견으로 큰 주목을 받았다. 뉴스의 주인공은 점박이도롱뇽(*Ambystoma maculatum*)이다. 점박이도롱뇽의 배아는 에메랄드처럼 녹색을 띠는데 그 이유는 몸속에 단세포 조류(*Oophilia amblystomatis*)가 많기 때문이다. 이 연구 결과가 발표되기 전까지는 점박이도롱뇽의 배아 주변에 단세포 조류가 많이 모여 있어 녹색을 띠는 것으로 생각해 왔다. 그러나 커니 연구팀은 이 단세포 조류가 점박이도롱뇽의 외부에 모여 있는 것이 아니라 몸속 전신 세포에 들어 있다는 것을 알아냈다. 이처럼 예상 밖의 독특한 도롱뇽과 조류의 공생관계가 밝혀졌다. 또 단세포 조류가 광합성으로 만든 산소와 탄수화물이 도롱뇽의 세포에 직접 공급되는 것도 관찰했다.

그런데 여전히 과학적으로 풀리지 않는 수수께끼가 남아 있다. 보통 척추동물은 면역체계에 따라 이물질이 몸속으로 들어가면 면역 거부반응을 일으킨다. 그래서 다른 생물체가 척추동물의 몸속으로 들어가 공생하는 것이 불가능하다고 생물학자들은 생각해 왔다. 그런데 이 점박이도롱뇽은 몸속에 단세포 조류를 지니고 공생하는 것이 발견된 것이다. 왜 이 도롱뇽은 조류가 몸속으로 들어와도 면역 거부반응을 일으키지 않을까? 앞으로 이어지는 연구를 통해 이 비밀이 밝혀질 것이다.

배아일 때 단세포 조류를 이용해 광합성을 하는 점박이도롱뇽

사람도 광합성을 할까?

식물만 광합성을 하는 것으로 알려졌는데 앞에서 살펴본 것처럼 진딧물, 갯민숭달팽이, 도롱뇽 등 많은 동물이 광합성을 하거나 광합성을 이용하는 것으로 밝혀졌다. 그렇다면 사람도 광합성을 할 수 있을까? 놀랍게도 사람도 광합성을 한다!

비타민 D는 우리 몸속에서 저절로 만들어지지 않는다. 하지만 야외에 나가 햇빛을 쬐면 피부에서 비타민 D를 합성한다. 즉, 피부에서 7-디하이드로 콜레스테롤(7-Dehydrocholesterol)이 자외선 B(Ultraviolet B, UV B, 280~320나노미터 파장)를 받아 비타민 D가 만들어진다. 비타민 D가 부족하면 뼈의 성장에 영향을 미쳐 후천성 구루병 등의 질병에 걸릴 수 있고, 골다공증, 당뇨병, 고혈압, 전립선암, 유방암, 대장암 등의 질병

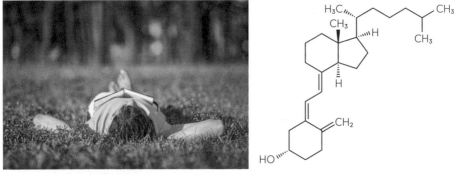

햇빛을 쬐는 사람(왼쪽)과 피부에서 합성되는 비타민 D의 화학구조(오른쪽)

이 발생하기 쉬운 것으로 알려져 있다. 이러한 비타민 D 부족을 방지하려면 하루에 20분씩 햇빛을 쬐거나 비타민 D가 많이 든 음식을 섭취하면 된다. 비타민 D가 많이 든 음식으로는 햇볕에 말린 표고버섯과 목이버섯, 고등어 등의 등푸른생선, 달걀노른자 등이 있다. 또는 비타민 D가 들어 있는 비타민제를 챙겨 먹어도 된다.

식물이 빛을 먹고 사는 것을 어떻게 알았을까?

식물은 햇빛을 받아 포도당을 합성해 살아가고 있으니, 빛을 먹고 산다고 해도 틀린 말이 아니다. 그런데 식물이 빛을 먹고 산다는 것을 어떻게 발견하게 되었을까? 들판에 나가서 보더라도 햇빛이 나무와 풀뿐만 아니라 돌과 흙에도 비추고 있어 식물이 빛을 먹고 사는 것을 눈치채기가 쉽지 않다.

식물이 광합성을 한다는 것은 1600년대 중반이 되어서야 밝혀지기 시작했다. 1630년 벨기에 화학자 얀 밥티스타 판 헬몬트(Jan Baptista von

Helmont)가 처음으로 식물의 광합성에 관한 과학적인 실험을 했다. 그는 식물을 키우면서 식물의 무게와 식물이 자라고 있는 흙의 무게를 주기적으로 재는 실험을 했다. 그런데 식물이 커 가면서 무게가 늘어나는 것만큼 흙의 무게가 줄어들어야 설명하기가 쉬울 텐데 그렇지 않았다. 5년 동안 화분에 흙을 넣어 나무를 심어서 키웠는데, 나무의 무게는 2.27킬로그램에서 76.74킬로그램이 되었지만 흙은 0.06킬로그램만 줄어들었다. 이처럼 식물은 쑥쑥 크면서 무게가 크게 변한 반면, 흙의 무게 변화는 아주 작았다. 그는 이 실험을 통해서 식물의 무게가 크게 변한 것은 흙에 부어 준 물 때문이라고 결론 내렸으며, 식물 광합성의 중요한 요소 하나를 발견하게 되었다.

이후 1772년 영국의 화학자 조지프 프리스틀리(Joseph Pristley)는 유리종을 사용하여 실험을 했다. 그는 유리종 안에 양초를 태웠는데 양초가 다 타기도 전에 불이 꺼지는 것을 발견하고 유리종 안의 공기를 해로운 공기라고 생각했다. 이 해로운 공기가 든 유리종에 쥐를 넣었더니 쥐가 기절했다. 그런데 유리종에 식물을 넣어 주자 쥐가 다시 깨어났다. 이 실험에서 해로운 공기가 나중에 이산화탄소라는 것이 밝혀졌다. 즉, 식물이 이산화탄소를 없앤다는

조지프 프리스틀리(위)와 그의 식물 광합성 실험기구(아래)

것이 이 실험을 통해 밝혀졌다. 이처럼 식물의 광합성에 필요한 또 하나의 요소가 발견되었다.

이와 같은 여러 과학자의 연구를 거치면서 식물의 광합성에 관한 비밀이 조금씩 밝혀졌으며, 1800년대에 이르러 드디어 식물의 광합성에 대한 전반적인 원리를 알려지게 되었다. 이후 식물의 잎 속에 있는 엽록체에서 일어나는 광합성 메커니즘이 밝혀졌다.

인공 광합성, 식물 광합성의 모방

예전에는 휘발유나 경유를 내연기관에서 연소시켜 그 힘으로 달리는 자동차밖에 없었다. 그런데 최근에 전기자동차와 수소자동차가 개발되었다. 수소자동차는 말 그대로 휘발유 대신 수소를 연료로 사용하는 차다. 이처럼 수소를 연료로 사용하면 매연이 발생하지 않고 깨끗한 물만 배출한다. 그래서 요즘 전기자동차와 수소자동차가 친환경 자동차로 주목받는다. 더군다나 수소는 어디에나 있는 물에서 얻을 수 있다.

그럼 물을 이용하여 수소를 어떻게 생산하는지 보자. 1972년 일본 도쿄대학의 혼다 겐이치와 후지시마 아키라는 햇빛을 비춰 주면 물이 분해되어 수소가스가 나온다는 것을 발견했다. 여기에서 물 한 그릇 떠서 마당에 내놓는다고 해서 수소가스가 생기지는 않는다. 그들만의 비법이 있었는데 바로 물의 분해를 돕는 이산화티타늄(TiO_2)이라는 광촉매의 사용이었다. 그때부터 과학자들 사이에서 광촉매와 인공 광합성에 대한 관심이 커졌다.

식물의 광합성을 모방한 인공 광합성은 빛을 이용해서 여러 가지 화학물질을 합성해 내는 방법이다. 특히 여러 광촉매를 사용하여 환원반

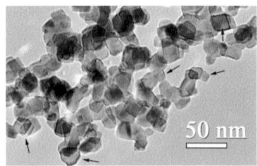

이산화티타늄 촉매 가루(왼쪽)와 투과전자현미경으로 관찰한
이산화티타늄 나노입자(오른쪽)

응을 원하는 대로 조정할 수 있다는 것이 밝혀지면서 더욱 활발히 연구되고 있다. 예를 들어 이산화탄소를 재료로 하여 일산화탄소를 얻고 싶으면 금·은·아연 촉매를 사용하면 되고, 인공 광합성으로 수소를 많이 얻고 싶으면 백금·니켈·철·티타늄 촉매를 사용하면 된다는 것이 밝혀졌다. 최근에는 이러한 광촉매와 인공 광합성을 이용하여 수소를 얻는 것뿐만 아니라 여러 화학물질을 합성하여 환경친화적 신소재를 생산하는 기술이 발전하고 있다.

빛을 이용해 물질을 합성하는 광합성은 식물뿐만 아니라 몇몇 동물도 이용하고 있다. 또 첨단기술이 접목된 광합성 반응을 이용한 수소 생산과 신소재 개발도 진행되고 있다. 앞으로는 빛을 이용한 합성 방법이 다양한 분야에서 적용되고 활용될 것이다.

4

창의성,
노벨 과학상과 이그노벨상엔 뭔가 특별한 것이 있다!

과학계의 가장 큰 이벤트는 단연코 노벨상 수상이다. 그런데 노벨상을 받는 사람은 어떤 사람일까? 특별한 재능을 타고난 사람일까? 아니면 보통 사람인데 열심히 노력해서 노벨상을 받는 것일까?

이번 여행에서는 노벨상을 받은 과학자들과 그들의 연구를 만나 볼 것이다. 그리고 노벨상 수상자들에게는 어떤 특별한 점이 있는지도 살펴볼 것이다. 또 기발한 연구를 하거나 업적을 내놓아 이그노벨상을 받은 과학자들도 만나 볼 것이다. 이제 과학 연구 속에 담긴 빛나는 창의성을 찾아 여행을 떠나 보자.

노벨상 분석 통계

해마다 노벨상의 계절이 오면 우리나라 과학자가 혹시 노벨상을 받지 않을까 하는 기대를 하지만 이내 실망으로 바뀌곤 한다. 그럴 때 일본에서 과학 분야 노벨상 수상자가 나왔다는 소식을 들으면 공연히 배가 아프다. 몇 년 전 일본 오사카에 갔을 때다. 오사카시립과학관을 둘러보다 한쪽 구석에 눈길이 멈췄다. 과학 전시물이야 모두 유치하고 오래되어서 별로 새로운 것이 없었지만, 그곳에 노벨상을 받은 일본 과학자들의 사진과

해마다 노벨상 수상식이 열리는 스웨덴 스톡홀름 시청 전경

연구 내용이 전시되어 있었다. 일본 어린이들은 그 전시물을 보며 '나도 커서 노벨상을 받는 과학자가 되어야지!'라는 꿈을 가질 것이다. 우리나라의 과학기술 수준은 세계 최고 수준인데 왜 과학 분야의 노벨상 수상자가 없을까? 이런 궁금증을 안고 과학 분야 노벨상 수상자에 관한 통계를 들여다보았다.

2019년 한국연구재단은 1901년에서 2018년까지 노벨상 중 과학 분야 수상자를 조사하여 〈노벨 과학상 종합분석 보고서〉를 발간했다. 주요 내용은 이렇다.

노벨 과학상 수상자는 모두 607명으로 물리학상 210명, 화학상 181명, 생리의학상 216명이다. 국가별로는 미국 267명(43퍼센트), 영국 88명(14퍼센트), 독일 70명(11퍼센트), 일본 23명(4퍼센트), 중국 3명(0.5퍼센트) 등이다. 그리고 수상자의 소속 기관은 미국 하버드대학(22명), 미국 스탠

퍼드대학(19명), 독일 막스플랑크연구소(19명), 미국 칼텍대학(18명), 미국 MIT(15명) 등이다.

그리고 어떤 사람이 노벨상을 받을까 하는 궁금증을 풀어 줄 수상자의 일생을 재구성한 내용도 있다. 노벨 과학상 수상자는 30세가 되기 전에 박사학위를 받고 차별화된 혁신적인 연구를 시작한다. 42세 정도에 노벨상을 받을 만한 논문을 완성하고 이후 10년이 지났을 때 울프상(1978년부터 인종, 피부색, 종교, 성별, 정치적 시각과 관계없이 인류의 이익과 우호 관계 증진에 기여한 살아 있는 과학자와 예술가들에게 이스라엘의 울프 재단에서 매년 수여하는 상)이나 래스커상(1945년부터 매년 의학 분야에 큰 기여를 한 살아 있는 사람에게 수여하는 상, 미국의 노벨상으로 불리기도 한다)을 받는다. 그리고 마침내 50대 후반에 노벨상 수상자가 된다. 최근에는 노벨상 수상자의 나이대가 예전보다 훨씬 높아졌다. 전체 노벨상 수상자의 평균 나이는 57세이지만, 최근 10년 사이 수상자의 평균 나이는 67.7세였다.

노벨상 수상자들은 젊을 때부터 논문을 많이 쓴 연구광으로, 평생

노벨상 수상자들. 앞줄 왼쪽부터 앨버트 마이컬슨(1907년 수상),
알베르트 아인슈타인(1921년 수상), 로버트 밀리컨(1923년 수상),
그리고 마리 퀴리와 피에르 퀴리가 받은 노벨상 수상 증서(오른쪽)

291.8편의 논문을 쓴다. 그중에 노벨상 수상과 관련된 논문은 8편이며, 이 논문 한 편당 인용 수는 1,226.2회나 된다. 여기에서 인용 수는 다른 연구자가 논문을 쓸 때 그 논문이 선행연구라고 언급한 횟수를 말한다. 따라서 어떤 논문의 인용 수가 많다는 것은 그만큼 다른 연구자가 그 논문이 우수하다고 인정한다는 것을 의미한다. 노벨 과학상 수상자의 핵심 논문 31퍼센트는 20~30대에 쓴 것이다.

울프상과 래스커상을 받은 후 노벨상을 받는 과학자가 많다. 울프상을 받은 과학자 네 명 중 한 명이 노벨상을 받았고, 기초의학 부문에서 래스커상을 받은 과학자의 절반이 몇 년 안에 노벨상을 받은 것으로 분석되었다. 이런 연유로 울프상과 래스커상을 '프리 노벨상'이라고 한다. 미국공학한림원에서 주는 찰스 스타크 드레이퍼상도 프리 노벨상에 포함된다.

2018년에 노벨 생리의학상을 수상한 다스쿠 교수는 여섯 개의 'C'를 추구하는 삶을 살아왔다고 기자회견에서 말했다. 호기심(Curiosity), 용기(Courage), 도전(Challenge), 확신(Confidence), 집중(Concentration), 연속(Continuation)이다. 이와 같은 그의 삶의 철학에 노벨상 수상의 비결이 숨겨 있는지도 모른다. 노벨상을 받은 많은 수상자의 연구 결과가 단순한 호기심의 해결이나 이론적 지식을 더하는 것을 넘어 실생활에서 다양하게 활용되는 것을 볼 수 있다.

사례 1_ 〔노벨 물리학상〕 빛으로 세포를 집어 옮길 수 있다?!

방바닥에 떨어진 머리카락을 집어 본 사람은 안다. 가느다란 머리카락을 집는 것이 얼마나 어려운지 말이다. 그런데 머리카락 굵기보다 천 배나 더 가느다란 것을 집으려면 어떻게 해야 할까? 이를 가능하게 하는 기술을 개발한 과학자가 있다.

2018년 노벨 물리학상은 광학 집게와 고출력 레이저를 개발한 과학자들에게 돌아갔다. 노벨위원회는 미국 벨연구소의 아서 애슈킨 박사와 프랑스 에콜폴리테크닉의 제라르 무루 교수와 캐나다 워털루대학의 도나 스트릭랜드 교수를 2018년 노벨 물리학상 수상자로 선정했다. 애슈킨 박사는 아주 작은 입자나 바이러스를 집을 수 있는 '광학 집게'를 개발했다. 그리고 무루 교수와 스트릭랜드 교수는 산업 분야와 의학 분야에서 중요 기술로 사용되는 고출력 레이저 기술을 개발했다.

먼저 애슈킨 박사가 개발한 광학 집게를 보자. 방바닥에 떨어진 머리카락은 작은 족집게로 집어서 옮기면 된다. 그럼 눈에 보이지 않을 정도로 작은 박테리아는 어떻게 옮길까? 당연히 족집게로 집어서 옮길 수 없다. 박테리아 입장에서 보면 족집게의 가장 뾰족한 끝 위의 넓이가 수십 마리가 떼를 지어 축구를 할 만큼 넓다. 그러니 훨씬 더 작고 눈에 보이지 않을 정도로 더 예리한 집게가 필요하다. 여기에서 애슈킨 박사는 '광학 집게'라는 놀라운 아이디어를 생각해 냈다. 바로 빛으로 집게를 만들어 박테리아를 집어서 옮기면 되겠다고 생각한 것이다. 이렇게 해서 빛을 이용해 세포나 작은 입자를 옮기는 광학 집게가 만들어졌다.

빛을 마치 집게처럼 사용해 물건을 집어서 옮기겠다는 생각을 어떻게 할 수 있었을까? 정말 놀라운 발상이다. 그 원리는 이렇다. 보통 빛은 여러 파장으로 이루어진 파동이라고 생각한다. 그러나 빛은 파동의 성질뿐만 아니라 입자의 성질도 동시에 가지고 있다. 따라서 빛이 입자라는 개념으로 접근하면 이해가 쉽다.

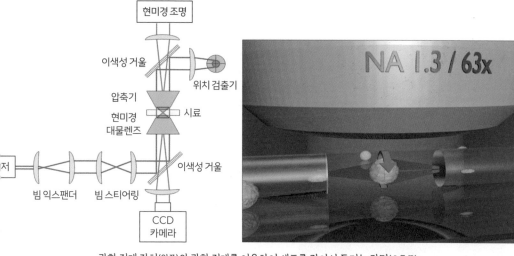

현미경 조명

이색성 거울

위치 검출기

압축기

현미경
대물렌즈

시료

저

빔 익스팬더

빔 스티어링

이색성 거울

CCD
카메라

광학 집게 장치(왼쪽)와 광학 집게를 이용하여 세포를 잡아서 돌리는 장면(오른쪽)

NA 1.3 / 63x

아주 작은 물체에 빛 입자를 보내면 그 빛 입자가 들어갔다가 빠져나오면서 운동량이 조금 변하는데, 이것이 그 작은 물체에 전달되어 움직임을 나타낸다. 좀 더 쉽게 말하면 방바닥에 작은 구슬이 있는데 그 구슬을 향해서 작은 빛 입자를 보내면 빛 입자가 작은 구슬에 부딪히고 튕겨 나오면서 그 구슬이 움직인다는 뜻이다. 광학 집게에 사용하는 빛은 레이저 빛인데 살아 있는 세포를 가만히 붙잡아 두기도 하고 빙빙 돌게 하기도 한다. 최근에 광학 집게를 이용하여 생물학 실험과 나노기술 관련 연구가 활발하게 진행되고 있다.

다음으로 무루 교수와 스트릭랜드 교수가 개발한 고출력 레이저 기술을 살펴보자. 돋보기로 햇빛을 모으면 종이에 불이 붙는다. 이처럼 빛을 모아서 출력을 세게 높이면 종이뿐만 아니라 철판도 뚫을 수 있다. 단일 파장의 빛의 에너지를 세게 한 빛이 바로 레이저다. 레이저는 많은 산업 분야와 의료 분야에서 중요한 기술로 이용되고 있다. 이를 위해서

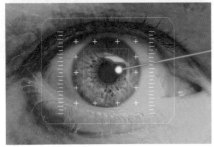

금속 절단(위쪽)과 눈 수술(아래쪽)에
사용되는 레이저

고출력 레이저를 만들어야 하는데 쉽지 않다. 증폭 장치를 이용해서 레이저 펄스 세기를 늘리면 될 것 같지만 증폭 장치가 손상되기 때문에 한계가 있다. 무루 교수와 스트릭랜드 교수는 이 문제를 레이더에서 쓰는 기술을 응용해서 해결했다.

그들은 두 개의 격자를 이용해서 레이저 펄스를 파장의 성분에 따라 지연시켜 펄스의 시간 폭을 늘렸다. 이후 증폭기로 빛의 세기를 크게 늘렸다. 그리고 다시 격자 두 개를 이용해서 시간 폭을 압축해서 매우 세고 시간 폭이 짧은 레이저 펄스를 만들었다. 이러한 기술 덕분에 요즘은 피코초(picosecond, 1조분의 1초) 레이저, 펨토초(femto second, 1천조분의 1초) 레이저, 아토초(attosecond, 100경분의 1초) 레이저 등이 개발되어 다양한 분야에 사용되고 있다. 이 레이저 기술은 빛과 물질의 상호작용에 관한 연구와 다양한 재료를 매우 날카롭고 작게 절단하는 데 사용된다. 또 라식과 같은 안과 수술에도 이용되고 있다.

사례 2_ [노벨 생리의학상] 면역항암제, 몸의 면역력으로 암세포를 물리치자!

이야기 하나. 크리스마스 휴가로 찾아간 별장, 철수는 나뭇가지마다 눈꽃이 하얗게 피어난 겨울왕국에서 행복한 하루를 보냈다. 해가 지고 밤이 되자 산속에서 늑대가 내려왔다. 늑대 소리에 놀란 철수는 돌을 던지고 소리치다가 전화로 경찰을 불렀다. 경찰관이 도착해 총을 쏘고 나서야 겨우 늑대를 물리칠 수 있었다. 그런데 다음 날 아침이 밝아 오자 별장 현관 앞에 사냥개가 묶여 있는 것이 보였다. 이 사냥개는 철수의 반려견이지만 호랑이도 물리치는 녀석이었다.

이 이야기에서 철수는 환자, 늑대는 암세포, 경찰관은 의사, 사냥개는 면역세포다. 기존에는 암에 걸리면 병원에 가서 의사의 처방에 따라 암세포를 공격하는 약을 먹거나 방사선을 쬐어서 암세포를 죽였다. 이는 마치 늑대에게 돌을 던지거나 총을 쏘는 것과 같다. 그런데 호랑이를 물리치는 사냥개가 별장에 있는데도 그저 사랑스러운 반려견이라고만 생각하고 늑대를 물리치는 데 이용할 수 있다고는 생각하지 못했다. 이처럼 우리 몸속에는 암세포를 공격해서 죽이는 면역세포가 이미 존재한다.

항암제나 방사선으로 암세포를 죽일 것이 아니라 우리 몸의 면역세포를 이용해 암세포를 죽이면 되지 않을까라고 생각한 과학자들이 있었다. 그들이 바로 2018년 노벨 생리의학상의 주인공들이다. 미국 텍사스대학 MD 앤더슨 암센터의 제임스 앨리슨 교수와 일본 교토대학 의대의 혼조 다스쿠 교수가 노벨 생리의학상 공동 수상자로 선정되었다.

그들이 무엇을 발견했기에 노벨상을 받은 것일까? 늑대가 내려오던 밤에 사냥개는 늑대를 물리치려고 발버둥을 쳤을 것이다. 그런데 목에 줄이 매여 있어 공격하지 못했다. 이처럼 면역세포가 암세포를 공격하는 것을 막는 단백질이 존재한다는 것을 이 두 과학자가 발견했다. 그리고 사냥개의 목에 매인 줄을 풀어 주면 늑대를 공격하는 것처럼, 면역세포의 활동을 억제하는 단백질의 기능을 약화시키면 암세포를 공격할 것이라는 생각을 처음으로 해낸 것이다. 그들의 예상은 적중했다. 노벨상 수상자를 선정한 노벨위원회는 두 과학자가 항암 치료에 대한 완전히 새로운 원칙을 정립했다고 극찬했다.

암 환자를 치료하기 위한 신약 개발이 바로 진행되었다. 면역세포인 T세포의 기능을 억제하는 CTLA-4와 PD-1 단백질을 약화하는 항체를 이용한 항체 신약이 개발되었다. 2010년 anti-CTLA-4 항체를 이용한 이필리무맙(ipilimumab, 또는 여보이Yervoy)이 개발되었으며 이것이 악성흑색종 환자의 치료에 효과가 있다는 것이 밝혀졌다. 그리고 2012년 anti-PD-1 항체를 이용한 니볼루맙(Nivolumab, 또는 옵디보Opdivo)과 펨브롤리주맙(Pembrolizumab, 또는 키트루다Keytruda)이 개발되었다. 이 항체 신약들은 특정 유형의 대장암, 위암, 간암, 신장암 등의 치료제로 사용되고 있다. 이러한 항체 신약들의 효능이 속속 입증되고 있지만, 만병통치약은 아니다. 앞으로 좀 더 효능을 극대화하기 위한 연구를 통해 더욱 다양한 질병 치료제로 사용될 것으로 기대하고 있다.

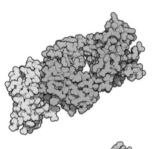
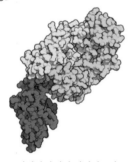

면역항암제인 이필리무맙(위)과 니볼루맙(아래)의 구조(항원결합분절 조각)

사례 3_ 〔노벨 화학상〕 전자기기를 휴대할 수 있게 배터리를 만들다!

주말 오후 카페에서 노트북으로 글을 쓰고 있자니 배터리를 개발한 과학자에 대한 감사한 마음이 스멀스멀 올라온다. 노트북이나 휴대폰 등 휴대 전자기기를 쓸 수 있도록 리튬이온배터리를 발명한 과학자 세 명이 2019년에 노벨 화학상을 받았다.

미국 뉴욕주립대학 스탠리 휘팅엄 교수와 미국 텍사스대학 존 구디너프 교수 및 일본 메이조대학 요시노 아키라 교수가 이 상을 공동 수상했다. 노벨위원회에 따르면, 리튬이온배터리가 가볍고 재충전할 수 있는 등 성능이 우수해서 요즘 휴대폰을 비롯하여 노트북과 전기자동차 등에 광범위하게 이용되고 있고, 태양광 발전이나 풍력 발전으로부터 얻은 에너지를 저장할 수도 있다고 선정 이유를 밝혔다.

1970년에 휘팅엄 교수가 처음으로 리튬이온배터리를 고안했으며 이후 금속 리튬으로 음극을 만들고 이황화티타늄(TiS_2)으로 양극을 만들어서 2볼트 전압을 얻는 데 성공했다. 이렇게 해서 리튬이온배터리를 만들어 쓸 수 있다는 것을 확실하게 보여 주었다. 이 연구에 이어서 1980년 구디너프 교수는 이황화티타늄 같은 금속 황화물 대신에 리튬이온을 삽입한 코발트 산화물을 사용해서 기존보다 두 배나 높은 4볼트 전압을 얻었다. 그리고 1985년 이렇게 강력한 리튬이온배터리를 요시노 교수가 상업적인 배터리로 개발해서 제품화했다. 이와 같은 연구개발 덕분에 요즘 우리는 다양한 기기에 리튬이온배터리를 잘 쓰고 있다.

이그노벨상, 가장 엉뚱해야 받는 상

세상에는 또 하나의 노벨상이 있다. 노벨상을 패러디하여 만든 이그노벨상(Ig Nobel Prize)이다. 과학 분야에서 가장 훌륭한 연구 업적을 낸 사람이 노벨상을 받는다면 가장 엉뚱한 업적을 낸 사람이 이그노벨상을 받는다. 이 상은 1991년 미국 하버드대학의 《기발한 연구 연감(Annals of Improbable Research, AIR)》이라는 유머 과학잡지에서 만들었다. '이그노벨'은 이그노블(Ignoble, 품위 없는)과 노벨(Nobel)의 합성어라고 한다.

이 상에는 '반복할 수도 없고 반복해서는 안 되는' 기발한 연구나 업적이어야 한다는 조건이 있다. 그저 장난 같은 일을 한다고 받을 수 있는 상이 아니다. 정식으로 진지하게 연구해서 그 연구 결과를 공식적으로 인정하는 과학 학술지 등에 정식 발표한 것 중에서 선발해 상을 준다.

얼핏 보면 해학적인 코미디 행사처럼 보이기도 하지만 수상자를 선정하는 위원회에 진짜 노벨상 수상자도 포함되어 있다. 게다가 이그노벨상을 받은 사람이 나중에 노벨상을 받는 경우도 있으니 무시할 수 없는 상이다. 이 상의 목적은 '처음에는 사람들을 웃게 하고, 그다음에는 사람들을 생각하게 하는 업적을 기리는 것'이다.

2018년 놀이공원의 롤러코스터를 타면 신장 결석을 제거할 수 있다는 실험을 한 연구팀이 이그노벨 의학상을 받았다. 바로 미국 미시간주립대학의 데이비드 바팅거 교수팀이다. 어느 날 한 환자가 바팅거 교수에게 찾아와 디즈니월드에서 롤러코스터를 탔더니 신장 결석이 빠졌다는 이야기를 들려주었다. 그냥 그럴 수도 있겠구나 하고 웃어넘기면 될 일을 이 연구팀은 진지하게 실험했다. 곧바로 놀이공원의 롤러코스터에 실리콘으로 만든 신장 모형을 태워서 진짜로 결석이 빠지는지 실험했다. 이 연구에서 롤러코스터의 앞자리보다 뒷자리에 앉았을 때 훨씬 더 신장의 결석이 잘 빠진다는 결론을 얻었다. 이런 괴짜 같은 연구 결과가 2016년 미국정골의학협회의 학술지에 정식 논문으로 실렸고, 이 업적으로 2018년에 이그노벨상을 받게 되었다.

웃음이 빵 터지는 별난 연구로 이그노벨상을 받은 의사도 있다. 자기 항문에 직접 대장내시경을 넣어서 '셀프 대장내시경' 검사를 한 일본의 의사가 2018년 이그노벨 의학교육상을 받았다. 일본 고마가네시 종합병원 소아과 의사인 아키라 호리우치는 앉은 자세로 모니터를 보면서 스스로 내시경을 자기 항문에 넣어 대장을 조사하는 방법을 연구해서 간단하게 대장내시경 검사를 할 수 있다는 연구 결과를 논문으로 발표했다. 그가 이그노벨상 시상식장에서 우스꽝스러운 셀프 대장내시경 검사 자세를 직접 보여 주자 참석한 사람들이 폭소를 터뜨렸다.

누구나 한 번쯤 옷이나 물건에 얼룩이 묻었을 때 침을 발라 그 얼룩을 지우려고 닦아 본 적이 있을 것이다. 그런데 오래된 아주 귀한 미술품에 침을 발라 더러운 것을 제거하려고 시도한 사람이 있다. 그 소중한 고미술품에 침을 발라 닦았을 것이라고 상상하니 너무 황당하다. 파울라 우마오 포르투갈 문화재보전복원센터 연구팀이 18세기 조각품을 닦을 때 알코올 세제와 사람의 침 중에서 어느 것이 오염물질을 더 잘 제거하는지 실험했다. 그 결과 사람의 침이 더 좋은 세제라는 결론을 얻어 2013년에 발표했다. 이 공로로 그는 2018년 이그노벨 화학상을 받았다.

2018년 9월 미국 하버드대학 샌더스극장에서 열린 시상식에서 총 10개 분야의 수상자들이 10조 달러의 상금을 현금으로 받았다. 그런데 이 상금은 미국 달러가 아니라 짐바브웨 달러였다. 화폐 가치가 거의 없는 짐바브웨 달러를 10조 달러를 받았다 해도 우리나라 돈으로 몇천 원 정도밖에 되지 않았다.

챔피언급 역대 이그노벨 수상작

이그노벨상을 받았다는 것만으로도 세상에서 가장 엉뚱하고 괴상한 연구를 한 괴짜 과학자라는 것을 알 수 있다. 이 가운데 최상급에 해당하는 연구는 어떤 것이 있는지 살펴보자.

몸의 왼쪽이 가려울 때 거울을 보면서 오른쪽을 긁으면 가려움이 사라진다는 연구를 한 독일 루베크대학 연구팀이 2016년 이그노벨 의학상을 받았다. 그리고 이름이 없는 젖소보다 이름이 있는 젖소가 우유를 더 많이 만든다는 것을 연구한 영국 뉴캐슬대학 연구팀이 2009년에 이그노벨 수의학상을 받았다. 또한 개에 사는 벼룩이 고양이에 사는 벼룩보다 더 높이 뛴다는 것을 연구한 프랑스 툴루즈 국립수의대학의 카디에르게 연구팀이 2008년 이그노벨 생물학상을 받았다. 1994년 자기 귀에 고양이 귀 진드기를 직접 넣고 연구한 로버트 로페즈가 이그노벨 곤충학상을 받았다.

"다이어트 콜라에는 피임 효과가 있다"고 주장한 미국 보스턴의대의 데버러 앤더슨과 "다이어트 콜라에는 피임 효과가 없다"고 주장한 대만 타이베이의대 연구팀이 2008년 이그노벨 화학상을 공동 수상했다. 그리고 달걀 껍데기 속 칼슘을 이용해서 실온 핵융합에 성공했다고 주장한 프랑스의 루이 케르브란이 1993년 이그노벨 물리학상을 받았다. 또한 가짜 염소 다리를 달고 초원에서 염소의 삶을 체험한 토머스 트와이츠가 2016년 이그노벨 생물학상을 받았다. 비상시 방독면으로 사용할 수 있는 브래지어를 발명한 옐레나 보드나르 연구팀이 2009년에 이그노벨 공중보건상을 받았다. 황당하고 우스꽝스러운 발명품처럼 보이지만 수상자들은 체르노빌 사고 피해자들을 치료해 준 경험을 바탕으로 체르노빌 사고와 같은 일이 생겼을 때 위험한 공기 흡입의 피해를 줄이기 위해서 방독면 기능을 가진 브래지어를 개발하게 되었다고 한다.

아직 우리나라에선 과학 분야 노벨상 수상자가 없지만, 이그노벨상 수상자는 있다. 커피잔을 들고 뒤로 걸을 때 커피 액체가 어떻게 출렁이는지를 연구한 한지원 씨가 2017년 이그노벨 유체역학상을 받았다. 이는 한 씨가 민족사관고등학교에 다닐 때 연구해서 발표한 논문이었다. 커피를 와인 잔에 담으면 4헤르츠 정도의 진동이 가해져서 잔잔한 물결만 발생하지만 둥그런 머그잔에 담으면 밖으로 튀어 쏟아진다는 것을 발견했다. 그러니까 컵의 모양에 따라 유체운동이 달라지는 유체역학적인 연구를 커피잔을 가지고 한 것이다.

2023년에는 항문의 생김새로 신원을 식별하고 배설물을 분석해 질병을 진단하는 변기를 개발한 미국 스탠퍼드대학 의대의 박승민 박사가 이그노벨 공공보건 분야 수상자로 선정되었다. 이 변기는 대변 모양을 시각적으로 분석해 암이나 과민성 대장증후군 징후를 찾아낼 뿐만 아니라 소변에 포도당이나 적혈구 등이 포함되어 있는지도 확인할 수 있다. 아울러 지문처럼 사람마다 형태가 다른 항문 모양으로 신원을 파악해 여러 사람이 사용하더라도 추적 관찰이 가능하게 했다. 박승민 박사는 "오늘 우리는 스마트 헬스케어 변기라는 생각을 비웃을지 몰라도 이번 수상은 가장 개인적인 순간조차 건강에 긍정적 영향을 미칠 잠재력이 크다는 점을 분명히 한 것"이라는 수상 소감을 남겼다.

이외에도 FnC 코오롱의 권혁호 씨가 향기 나는 양복을 개발하여 1999년 이그노벨 환경보호상을 받았다.

노벨상 대 이그노벨상

'노벨'이라는 단어가 노벨상과 이그노벨상에 모두 들어 있으니 이 둘을 비교해 볼 만도 하지 않을까? 잠시 생각해 보자. '살아 있는 개구리를 자석을 이용해 공중 부양시키는 연구'와 '스카치테이프로 흑연을 한 층 한 층 계속 떼어내어 마지막 한 층만 남기는 연구' 중에서 어느 것이 더 스마트하고 창의적인 아이디어일까? 놀랍게도 이 둘 중 하나는 노벨상을 받았고 다른 하나는 이그노벨상을 받았다. 그것도 한 사람의 과학자가 두 연구를 모두 수행했다. 그 주인공은 안드레 가임 교수다.

2000년 네덜란드 출신의 안드레 가임 교수와 마이클 베리 교수는 살아 있는 개구리를 자기 부상시키는 연구로 이그노벨 물리학상을 받았다. 그들은 강한 자장이 흐르는 작은 구멍에서 개구리가 공중에 떠서 빙빙 도는 현상을 연구했다. 이로부터 10년이 지난 2010년 안드레 가임 교수는 스카치테이프로 흑연을 한 층 한 층 떼어 내어 그래핀(graphene)을 만든 업적으로 노벨 물리학상을 받았다.

그래핀은 전 세계적으로 많은 과학자가 연구하고 있는 차세대 꿈의 신소재이자 아주 소중한 첨단 신소재다. 앞으로 휴대폰과 노트북 등 다양한 전자기기에 그래핀을 사용하기 위해 전 세계 수많은 과학자가 연구에 매진하고 있다. 이러한 그래핀 연구를 본격적으로 할 수 있게 한 사람이 바로 가임 교수다.

흑연은 수백 장의 종이가 쌓여 있는 것처럼 탄소로 이루어진 아주 얇은 판들이 쌓인 광물이다. 그런데 이 탄소로 이뤄진 얇은 층을 한 층만 분리해 내는 것이 매우 어려워서 과학자들이 성공하지 못했다. 이것을 가임 교수가 스카치테이프로 흑연 위에 붙였다 떼었다를 반복하여 결

안드레 가임과 마이클 베리의 살아 있는 개구리를 자기 부상시키는 실험(왼쪽)과
탄소 원자로 이루어진 벌집 격자 모양의 그래핀(오른쪽)

국 한 층의 얇은 탄소층을 분리해 냈다. 이 한 층의 얇은 탄소층을 그
래핀이라고 하는데, 이를 처음으로 성공하여 본격적으로 그래핀 연구를
할 수 있도록 만든 것이다. 가임 교수가 사용한 방법이 어찌 보면 엉뚱
하고 이상해 보이기도 하지만 과학적으로 아주 큰 파장을 일으킨 중요
한 연구 결과다.

이제 조금만 더 생각해 보자. 예전에 어른들이 아이들을 꾸중하면서
"비싼 밥 먹고 헛짓하지 마라"고 말했다. 이그노벨상을 받은 연구를 보
면 딱 그 모양이다. 대학교수나 의사라는 사람의 연구가 이런 황당한 것
이라니. 특히 우리나라는 과학 연구에서 실용적이고 쓸모 있는 연구를
중요하게 여긴다. 아무리 열심히 연구해서 결과를 많이 얻어도 그것이
실생활에 도움이 되지 않는다면 가치가 낮은 것으로 평가한다.

미국에서는 이그노벨상이라는 것을 만들어 매년 시상식을 거창하게
하는 것을 보면, 이러한 쓸모없어 보이는 연구를 장려하는 분위기가 있
다는 것을 알 수 있다. 이렇게 이그노벨상을 만들어서 해학적 웃음과 함

께 과학적 호기심의 중요성을 일깨우는 미국의 과학 연구 문화가 더 좋은 성과들을 얻게 하는 것이 아닐까 하는 생각이 든다.

창의적인 아이디어를 내고 연구에 몰두하여 우수한 결과를 만드는 것은 노벨상이나 이그노벨상이나 마찬가지다. 처음 세상에 고개를 내밀 때는 쓸데없는 우스꽝스러운 아이디어처럼 보이지만, 나중에 세상을 깜짝 놀라게 하는 발명품인 경우도 많다.

2019년 노벨 화학상을 받은 요시노 교수는 노벨위원회와의 인터뷰에서 '호기심이 연구의 주된 원동력'이 되었다고 말했다. 흔히 과학 연구에서 중요하다고 말하는 창의성은 바로 이 호기심에서 시작된다. 이러한 호기심이 무럭무럭 자라서 노벨상을 받는 연구 결과가 되기도 하고, 때로는 이그노벨상을 받는 연구 결과가 되기도 한다.

우리 주변에 호기심이 더 많아져 더욱 재밌고 행복한 세상이 되면 좋겠다. 또 세계 최고 수준의 첨단 과학기술을 자랑하는 우리나라에서도 머지않아 과학 분야의 노벨상 수상자가 많이 나오기를 기대해 본다.

1부

1. 디지털 치료제, 게임을 열심히 하면 정말 병이 나을까?

〈청소년 넷 중 셋은 게임 이용자… 3.5%는 과몰입 우려〉, 《전자신문》, 2023.04.07.

〈2021 상반기 글로벌 보건산업 동향 심층 조사(한국보건산업진흥원)〉, 《약업신문》, 2021.12.14.

〈급성장 '디지털 치료기기', 규제·가이드라인 대비 필요〉, 《약업신문》, 2022.07.11.

〈AI·IoT 기반 어르신 건강관리서비스 시범사업〉, 보건복지부와 한국건강증진개발원

2. 메타버스, 가상 세계를 현실 세계에 연결하면?

〈메타버스, 이미 주류시장 초기 진입… 인구감소 한국에도 기회〉, 연합뉴스, 2022.03.29.

〈아바타로 토론하고, 가상 환경에서 수술 참관… XR 플랫폼 활용한 '메타버스' 의료 교육 눈길〉, 《디지털조선일보》, 2021.06.01.

〈의료계도 메타버스 시동… 원격의료 논란 재점화시키나?〉, 《헬스조선》, 2021.07.22.

〈메타버스에서 하는 병원 진료, 현실로 다가왔다〉, 《Ai타임스》, 2022.07.05.

〈메타버스가 가져올 의료환경 변화는?… 연구회 생겼다〉, 《청년의사》, 2022.01.28.

홍남기 경제부총리 겸 기획재정부 장관 발표, 2022.01.

3. 휴먼 칩, 허파와 심장을 어떻게 마이크로칩에 올려놓았을까?

"Lung-on-a-chip," Wyss Institute (https://wyss.harvard.edu/media-post/lung-on-a-chip)

"Ensembles of engineered cardiac tissues for physiological and pharmacological study: Heart on a chip," *Lab on a Chip*, 2011, 11(24), 4165-73.

"Human iPSC-based Cardiac Microphysiological System For Drug Screening Applications," *Scientific Reports*, 2015, vol. 5, Article number 8883.

"The first fully 3-D-printed heart-on-a-chip," *The Harvard Gazette*, October 24, 2016.

〈피부모델마이크로칩 개발〉, 《이엠디》, 2017.01.20.

"Reproducing human and cross-species drug toxicities using a Liver-Chip," *Sci Transl Med*, 2019, 11(517): eaax5516.

"Human Organs-on-chip," Wyss Institute (https://wyss.harvard.edu/technology/human-organs-on-chips)

"Human-on-a-chip design strategies and principles for physiologically based pharmacoki-

netics/pharmacodynamics modeling," *Integr Biol*(Camb), 2015, 7(4), 383–391.
〈실험동물 5백만 마리 육박… 4년 새 34% 증가〉, 《데이터솜》, 2023.07.12.
오태광, 〈인공지능이 신약개발 고효율 시대를 열다〉, 《ifs POST》, 2018.07.24.
"How quickly do different cells in the body replace themselves?," *Biomumbers* (http://book.
bionumbers.org/how-quickly-do-different-cells-in-the-body-replace-themselves)

4. 블록체인, 가상화폐 기술이 내 건강도 지켜준다?

Satoshi Nakamoto, Bitcoin: A Peer-to-Peer Electronic Cash System (https://bitcoin.org/
bitcoin.pdf)
정보통신산업진흥원 (https://www.nipa.kr/main/index.do)
〈"서류 폐기 번거로워서"… 미청구 실손보험금 연평균 2700억원〉, 《서울파이낸스》, 2023.9.6.
《국내외 위조의약품 유통 및 관리 현황 연구》, 식품의약품안전처, 2015.
〈美 IT 공룡들, 블록체인으로 헬스케어 사업 혁신 나선다〉, 《조선비즈》, 2017.12.19.

5. 뇌질환, 고령화 시대에 치료가 가능할까?

"Discovering Nerve Cell Replacement in the Brains of Adult Birds." (https://centennial.
rucares.org/index.php?page=Brain_Generates_Neurons)
"Human brains do sprout new cells according to new Salk study." (https://www.salk.edu/
news-release/human-brains-do-sprout-new-cells-according-to-new-salk-study)
"High Hes1 expression and resultant Ascl1 suppression regulate quiescent vs. active neural
stem cells in the adult mouse brain," *Genes Dev.*, 2019, 33(9-10), 511–523.
"STRIPAK Members Orchestrate Hippo and Insulin Receptor Signaling to Promote Neural
Stem Cell Reactivation," *Cell Rep.*, 2019, 27(10), 2921–2933.
"Even Old Brains Can Make New Neurons, Study Finds." (https://www.cuimc.columbia.
edu/news/even-old-brains-can-make-new-neurons-study-finds)
"Human Hippocampal Neurogenesis Persists throughout Aging," *Cell Stem Cell*, 2018,
22(4), 589–599.
"Birth of New Neurons in the Human Hippocampus Ends in Childhood." (https://www.
ucsf.edu/news/2018/03/409986/birth-new-neurons-human-hippocampus-ends-child-
hood)
"Human hippocampal neurogenesis drops sharply in children to undetectable levels in
adults," *Nature*, 2018, vol.555: 377–381.
"Adult hippocampal neurogenesis is abundant in neurologically healthy subjects and drops
sharply in patients with Alzheimer's disease," *Nature Medicine*, 2019, vol.25: 554–560.

〈나이가 들어도, 치매가 와도 뉴런은 생성된다〉, 《이웃집과학자》, 2019.04.02.

"A diabetes drug promotes brain repair-but only in females, U of T study shows" (https://www.utoronto.ca/news/diabetes-drug-promotes-brain-repair-only-females-u-t-study-shows)

"Age-and sex-dependent effects of metformin on neural precursor cells and cognitive recovery in a model of neonatal stroke," *Science Advances*, 2019, vol.5, Issue 9, eaax1912.

"Chemical Conversion of Human Fetal Astrocytes into Neurons through Modulation of Multiple Signaling Pathways," *Stem Cell Reports*, 2019, vol.12, Issue 3: 488-501.

"Single-Cell Transcriptomics Analyses of Neural Stem Cell Heterogeneity and Contextual Plasticity in a Zebrafish Brain Model of Amyloid Toxicity," *Cell Reports*, 2019, 27(4): 1307-1318.

"A NeuroD1 AAV-Based Gene Therapy for Functional Brain Repair after Ischemic Injury through In Vivo Astrocyte-to-Neuron Conversion," *Molecular Therapy*, 2020, vol.28, Issue 1: 217-234.

2부

1. 소 방귀, 소가 방귀 뀌어 지구온난화가 심해졌다?

〈초강력 온실가스 메탄 급증… 배출 60%가 인간활동 탓〉, 연합뉴스, 2020.7.15.

"Global Methane Budget." (https://www.globalcarbonproject.org/methanebudget/20/hl-compact.htm)

"Dataset: Global Methane Budget 2000-2012,"(V.1.0, issued June 2016 and V.1.1, issued December 2016) (https://www.osti.gov/biblio/1389483)

"Potential for reduced methane from cows," *Sciencedaily*, 2019.7.8.

"Cow's seaweed diet has high steaks for the planet," *Theaustralian*, 2022.7.11.

"Tackling Climate Change through Livestock: A global assessment of emissions and mitigation opportunities." (https://www.fao.org/3/i3437e/i3437e.pdf)

"Major reductions of greenhouse gas emissions from livestock within reach-UN agency." (https://news.un.org/en/story/2013/09/450752-major-reductions-greenhouse-gas-emissions-livestock-within-reach-un-agency)

〈국가 온실가스 총배출량 및 증감률〉, 정부 e-나라지표 홈페이지 (https://www.index.go.kr)

〈온실가스〉, 기상청 홈페이지 (http://www.climate.go.kr)

"Overview of Greenhouse Gases." (https://www.epa.gov/ghgemissions/overview-greenhouse-gases)

"A social cost-benefit analysis of meat taxation and a fruit and vegetables subsidy for a healthy and sustainable food consumption in the Netherlands," *BMC Public Health*, 2020, vol.20, Article number: 643.

"How the Dutch Meat Tax could affect the global food and beverage industry," The Global Advisory and Accounting Network (https://www.hlb.global/how-the-dutch-meat-tax-could-affect-the-global-food-and-beverag-industry/)

"Should There Be a Tax on Meat? New Study Shows Many Americans Support the Idea," PETA (https://www.peta.org/features/tax-meat)

"The top 10 foods with the biggest environmental footprint," Businessinsider, 2015.9.20. (https://www.businessinsider.com/the-top-10-foods-with-the-biggest-environmental-footprint-2015-9)

"Cow Fart Regulation Passed Into California Law," Cbsnews, 2016.9.19. (https://www.cbsnews.com/sanfrancisco/news/cow-fart-regulation-passed-into-california-law/)

"Estonian farmers to pay for cow gases," Allaboutfeed, 2008.5.16. (https://www.allaboutfeed.net/home/estonian-farmers-to-pay-for-cow-gases/)

"New Zealand Announces Plan To Tax Farmers For Livestock Farting And Burping," Ladbible, 2022.6.14. (https://www.ladbible.com/news/latest-new-zealand-announces-plan-to-tax-cows-for-farting-and-burping-20220614)

"Holy Cow! Methane as truck fuel? from Bloomberg," plantingseedsblog, 2017.12.13. (https://plantingseedsblog.cdfa.ca.gov/wordpress/?p=14329)

"Kangaroo farts not as environmentally friendly as previously thought," *Washington Post*, 2015.11.5.

"Feeding cows seaweed could slash global greenhouse gas emissions, researchers say," Abc, 2016.10.19.

〈해초로 소 방귀 없애 지구환경 보호〉,《데일리비즈온》, 2019.8.21.

"Use of Lactic Acid Bacteria to Reduce Methane Production in Ruminants, a Critical Review," Front. Microbiol., 2019.10.01. (https://www.frontiersin.org/articles/10.3389/fmicb.2019.02207/full)

〈노벨수상자들이 꼽은 인류 위협 요인… 북핵보다 무서운 '이것'〉,《중앙일보》, 2017.9.6.

2. 플라스틱 쓰레기, 내 식탁의 음식에 들어 있다?

〈미세 플라스틱이 수산물에 미치는 영향〉, 해양수산해외산업정보포털, 2017.6.30.
〈태평양 외딴 무인도서 미세 플라스틱 약 40억 개 발견〉, 나우뉴스, 2021.4.18.
〈지도에도 없는 섬이 있다고?!〉, 대한민국 정책브리핑, 해양수산부, 2021.11.23.
〈바다 쓰레기 몸살, 93%가 플라스틱〉, KNN 방송, 2022.7.6.

〈[플라스틱바다] 인류가 생산한 플라스틱의 양은 얼마나 될까?〉, 환경운동연합, 2019.7.17.

"Plastics to outweigh fish in oceans by 2050: WEF," *Taiwan News*, 2016.1.20.

〈그물로 80kg 건져올리면 새우 3kg뿐… 플라스틱 쓰레기 60kg〉, 《매일경제》, 2022.4.18.

〈플라스틱으로 가득 찬 새의 배, 세상에 충격을 던지다〉, 《동아일보》, 2019.2.27.

〈금세기 중반 바닷새 95% 몸 안에서 플라스틱 나올 것〉, 연합뉴스, 2017.3.7.

〈해마다 바닷새 5000마리, '한국산 플라스틱 쓰레기' 먹고 죽는다〉, 《경향신문》, 2019.7.22.

〈미세플라스틱의 습격, 바다의 비명〉, 《국제신문》, 2021.9.22.

〈바다거북 죽이는 '해양 플라스틱'… 대부분 육상에서 바다로 유입〉, MBN, 2022.06.30.

〈내가 버린 플라스틱, 참치·조개가 먹고 내가 다시 먹는다〉, 《조선일보》, 2018.5.23.

"One-third of fish caught in Channel have plastic contamination, study shows," *The Guardian*, 2013.1.24.

〈플라스틱을 품은 굴·담치·게〉, 《시사IN》, 2017.11.28.

〈식약처, 국내 유통식품 미세플라스틱 오염수준 조사 결과 발표〉, 《현대건강신문》, 2022.3.11.

〈미세플라스틱에 오염된 소금 식탁에 오른다… 90%에서 검출〉, 《중앙일보》, 2018.10.17.

〈미세플라스틱 많이 먹는 한국인… 세계 3위로 매년 19만개 섭취〉, 《한국경제》, 2021.4.6.

〈플라스틱 과잉의 시대… 재활용의 새 장이 열린다〉, 《한국일보》, 2021.7.31.

〈식품 미세플라스틱 노출량 1인당 하루 16.3개… '우려 수준 아냐'〉, 《식품저널》, 2022.3.11.

〈1인당 섭취 미세플라스틱, 매주 신용카드 1장 분량〉, 연합뉴스, 2019.6.12.

"Presence of microplastics and nanoplastics in food, with particular focus on seafood," EFSA, 2016.6.23.

〈전 세계인 75% 일회용 플라스틱 사용 금지에 동의〉, 뉴스펭귄, 2022.2.25.

〈유럽, 2021년 7월부터 일회용 플라스틱 사용 금지〉, 해양수산해외산업정보포털, 2021.8.31.

「국제사회의 플라스틱 규제 현황과 시사점」, 대외경제정책연구원, 2022.5.9.

〈뉴욕시, 내년부터 스티로폼 용기 사용 전면 금지〉, 오피니언뉴스, 2018.6.23.

〈美 민주당, '일회용 플라스틱에 환경세' 입법 추진〉, 《조선일보》, 2021.9.30.

〈'악의 축' 비닐봉지를 금지하라〉, 《경향신문》, 2017.10.5.

〈'비닐봉지 사용 금지' 2년 된 케냐… 달라졌을까?〉, 나우뉴스, 2019.9.2.

〈폐플라스틱 2060년까지 3배 늘어나… 세계의 대처는?〉, 《비즈트리뷴》, 2022.7.13.

〈OECD가 발표한 전 세계 플라스틱 재활용률은?〉, 뉴스펭귄, 2022.2.24.

〈[미세플라스틱] 규제를 위한 국제적 움직임〉, 《대한건강의료신문》, 2021.3.17.

〈LG화학, 美일리노이에 바이오 플라스틱 공장〉, 《매일경제》, 2022.8.16.

〈SK-코오롱, 친환경 생분해성 플라스틱 소재 'PBAT' 생산 개시〉, 《뉴데일리경제》, 2022.1.4.

〈생분해 플라스틱 정말 친환경? '생각만큼 분해 잘 안되네'〉, 《조선일보》, 2020.5.31.

〈'미니 재활용 공장' 스티로폼 먹는 애벌레 찾았다〉, 《조선일보》, 2022.6.11.

〈플라스틱 이틀 만에 분해' 돌연변이 효소 등장〉, 뉴스펭귄, 2022.4.29.

"Advances and approaches for chemical recycling of plastic waste," *Journal of Polymer Science*, 2020.4.20.

〈플라스틱 사용을 중단하면 어떤 일이 벌어질까?〉, BBC, 2022.6.12.

3. 블루카본, 바닷가 생태계의 탄소 창고를 지키려면?

〈호주에 축구장 13개 크기 해초숲을⋯ 기후변화 해결사로 떠오른 이것〉, 《조선일보》, 2021.6.11.

〈코로나로 맑아진 하늘⋯ 2020년 세계 CO2 배출량 7% 감소〉, 《ESG경제》, 2021.3.4.

〈온실가스 배출 세계 1·2위 '중국과 미국'⋯ 누구 책임이 더 클까?〉, MBC 뉴스, 2021.10.29.

〈블루카본 최신 동향〉, 《사이언스온》, 2018.10.15.

〈국내 갯벌, 연간 승용차 20만대 온실가스 흡수⋯ '블루카본' 뭐기에〉, 《경향신문》, 2021.4.13.

블루카본 이니셔티브 홈페이지 (https://www.thebluecarboninitiative.org/)

"The future of Blue Carbon science," *Nature Communications*, 2019, vol.10, Article number: 3998.

〈해수부, '2050년 온실가스 100만t 이상 블루카본으로 흡수' 추진〉, 《한국경제》, 2021.5.24.

〈동해안의 미래 '블루카본'(Blue Carbon)〉, 《매일신문》, 2022.3.2.

〈'2022 블루카본 국제포럼' 21일 개최⋯ "블루카본 체계적 확대 위해"〉, 《현대해양》, 2022.7.20.

4. 미생물 연료전지, 세균이 만든 전기로 휴대폰을 충전해도 될까?

"The Energy Quest Continues: Can Microbes Power Electronic Devices?," ALL ABOUT CIRCUITS, 2022.4.25. (https://www.allaboutcircuits.com/news/the-energy-quest-continues-can-microbes-power-electronic-devices/)

〈코엑스아쿠아리움, 전기뱀장어 트리〉, 《이데일리》, 2017.11.30.

"University of Westminster researchers light a Christmas tree using bacteria," University of Westminster, 2019.12.16. (https://www.westminster.ac.uk/news/university-of-westminster-researchers-light-a-christmas-tree-using-bacteria)

"Dr Godfrey Kyazze, Reader in Bioprocess Technology, wrote an article for The Conversation about how microbial fuel cells could revolutionise electricity production in the future," University of Westminster, 2021.1.7. (https://www.westminster.ac.uk/news/dr-godfrey-kyazze-for-the-conversation-about-ways-microbial-fuel-cells-might-revolutionise-future)

"Researchers turn urine into a sustainable power source for powering electronic devices," University of Bath, 2016.4.18. (https://www.bath.ac.uk/announcements/researchers-turn-urine-into-a-sustainable-power-source-for-powering-electronic-devices/)

"Pee Power technology returns to Glastonbury Festival for fourth year," UWE Bristol,

2019.6.21. (https://info.uwe.ac.uk/news/uwenews/news.aspx?id=3953)

"Scientists Test Microbial Fuel Cells for Wastewater Treatment," Azom, 2022.2.24. (https://www.azom.com/news.aspx?newsID=58320)

3부

1. 스마트팜, 인공지능이 농사지은 쌀의 맛은 어떨까?

〈세계인구 2100년 88억명… 한국은 인구 반토막〉, 《한겨레》, 2020.7.15.

〈통계로 본 농업의 구조 변화〉, 통계청 홈페이지, 2020.11.17.

〈박지환 씽크포비엘 대표 "소만 잘 키워도 환경오염 방지, AI 기반 스마트팜 기술 많아져야"〉, 《Ai타임스》, 2021.10.14.

〈애그리로보텍 / '렐리 로봇착유기'〉, 《축산뉴스》, 2022.2.22.

〈ETRI, 가축 질병 전 주기 관리 플랫폼 '아디오스' 개발〉, 《동아사이언스》, 2021.10.14.

〈스마트팜 최근 동향과 시사점〉, 정보통신기획평가원, 2021.10.15.

"See How The Soybean Industry Is Adopting Precision Agriculture," Forbes, 2021.12.24.

"Forbes: The U.S. Soybean Industry Is Being Transformed by Digital," United Soybean Board, 2022.3.8. (https://www.unitedsoybean.org/hopper/the-u-s-soybean-industry-is-being-transformed-by-digital/)

"XAG Reveals New-Generation Drones and Robots for AgriFuture," XAG, 2021.12.24. (https://www.xa.com/en/news/official/xag/144)

〈그린랩스, 농업의 미래 '디지털 대전환' 이끈다〉, 《뉴스토마토》, 2022.2.17.

〈"AI로 병충해 막고 고품질 사과 재배"… 라온피플, 안동시 스마트팜 구축〉, 《매일경제》, 2021.10.19.

〈세계 농산품 수출국 2위 네덜란드, 그 답은 푸드밸리에 있다〉, 《KOTRA 해외시장뉴스》, 2016.9.20.

〈국내외 스마트팜 도입 활발… 농업의 디지털화 추진하는 국가는?〉, 《산업일보》, 2020.11.25.

"Smarter, More Sustainable Agriculture with Zyter." (https://www.zyter.com/knowledgecenter/zyter-smart-agriculture/)

〈中 스마트팜 시장동향 및 저장성 우수사례〉, 정보통신기획평가원, 2021.10.15.

〈스마트팜 진출 이통3사, 블록체인·로봇으로 힘 준다〉, 《조선일보》, 2021.12.20.

〈급격한 기후변화에 쑥쑥 크는 스마트팜… 2026년 글로벌 44조 원 시장〉, 《서울경제》, 2023.8.5.

〈세계로 가는 'K스마트팜'… 카자흐서 첫 가동〉, 《한국경제》, 2021.11.29.

〈베트남에 한국형 지능형온실(스마트팜) 준공〉, 대한민국 정책브리핑 농림축산식품부, 2022.6.23.

〈青 정책실장, UAE 한국형 스마트팜 온실 방문… 중동 최초 진출〉, 《뉴시스》, 2022.1.17.

"Parisculteurs in a nutshell." (https://www.parisculteurs.paris/en/about/parisculteurs-in-a-nutshell/)

〈지하철역에서 키운 채소는 어떤 맛? '메트로팜' 5곳〉, 서울특별시 홈페이지, 2020.10.21.

〈스마트팜 확산 위한 인식전환·적극지원 확대 필요…〉, 《공학저널》, 2021.6.21.

2. 3D 프린팅 음식과 실험실 배양육, 메뉴판에 이런 것이?

〈'육식=기후악당?' 근거가 왜 이렇게 다른가 봤더니〉, 《시사IN》, 2022.5.23.

〈'클린미트'에 투자하는 빌게이츠·리처드 브랜슨〉, 《헤럴드경제》, 2017.9.4.

〈실험실서 만든 진짜 고기, 내년에 식탁 오른다〉, 《한국경제》, 2020.6.5.

〈세포 키워 얻은 고기, 불판에 올리는 시대가 온다〉, 《동아사이언스》, 2021.1.4.

〈빠른 속도로 성장하는 동식물성 대체육… '클린미트'인가, '가짜고기'인가〉, 《오마이뉴스》, 2021.5.17.

〈먹는 '실험실 치킨' 눈앞… 이스라엘 "대량 공급 비책 찾았다"〉, 《중앙일보》, 2021.5.9.

〈음식을 음악처럼 다운받는 시대, 日 2020년 3D 프린터 초밥집 출점〉, 《식품외식경영》, 2019.5.21.

〈3D 푸드 프린팅이 가져온 주방의 변화〉, 《미래에셋증권 매거진》, 2022.6.15.

〈3D 프린터로 만든 '비건 해산물'… "오징어와 맛·영양 똑같아"〉, 《동아사이언스》, 2023.8.14.

3. 비밀 레시피, 온도에 따라 맛이 달라진다?

"Biologists investigate why the sweet taste of sugary foods diminishes when they're cool." UC SANTA BARBARA, 2020.4.23. (https://www.news.ucsb.edu/2020/019873/not-so-sweet)

"Temperature and Sweet Taste Integration in Drosophila," *Current Biology*, 2020, 8;30(11):2051-2067.

"Effect of Temperature on the Intensity of Basic Tastes: Sweet, Salty and Sour," *Journal of Food Research*, 2016, 5(4):1. (https://www.researchgate.net/publication/304528846_Effect_of_Temperature_on_the_Intensity_of_Basic_Tastes_Sweet_Salty_and_Sour)

"Selective Effects of Temperature on the Sensory Irritation but not Taste of NaCl and Citric Acid," *Chem Senses*, 2019, 44(1): 61-68.

"Influence of temperature on taste perception," *Cellular and Molecular Life Sciences*, 2007, 64(4):377-81.

"Heat activation of TRPM5 underlies thermal sensitivity of sweet taste," *Nature*, 2005, 438(7070):1022-5.

"'Thermal tasters' can experience taste from heating or cooling tongue without any food," *Sciencedaily*, 2012.5.14.

"'Thermal Taste' Predicts Higher Responsiveness to Chemical Taste and Flavor," *Chemical Senses*, 2004, vol.29, Issue 7: 617-628.

"Variation in thermally induced taste response across thermal tasters," *Physiol Behav.*, 2018, 1: 188: 67-78.

〈과일 맛있는 온도 스티커만 봐도 알아요!〉, 《전민일보》, 2019.8.5.

4. 물맛, 건강에 좋은 물은 어떤 물일까?

〈쑥쑥 크는 생수시장에… 너도나도 '벌컥벌컥'〉, 《뉴데일리경제》, 2021.9.24.

〈나도 몰랐던 '물맛' 혀와 뇌는 알고 있다〉, 《서울신문》, 2017.6.6.

〈좋은 물 골라 제대로 마시면 엄마 몸에 보약!〉, 임산부 건강 & 생활, 롯데푸드몰

〈하루에 물 2리터씩 한달을 마셔보니〉, 《한겨레》, 2017.4.26.

〈서울시 약수터, 건강에 좋고 물맛 좋은 곳은 어디일까?〉, 서울특별시, 2017.3.13.

〈부산 약수터 수질검사 '4번 중 1번' 먹는물 부적합〉, 연합뉴스, 2017.3.21.

〈中 창어 4호, 달 표면 온도 측정 나선다〉, 연합뉴스, 2019.1.14.

4부

1. 실패, 왜 자랑하고 연구해야 할까?

〈'2022 실패박람회'-'다같이 시작하는 재도전 다시'〉, 실패박람회 홈페이지

〈R&D 100조시대, 언제까지 논문만? 맛있는 성과 보고 싶다〉, 《헬로디디》, 2021.3.21.

〈삼성미래기술육성사업, 2022년 상반기 지원 과제 27건 선정〉, 《삼성 뉴스룸》, 2022.4.5.

〈10월 13일 '세계 실패의 날'… 재도전 담론의 장 열린다〉, 《뉴시스》, 2021.10.12.

〈실패연구소, 실패에서 성공을 찾다〉, 《카이스트 신문》, 2021.10.6.

2. 미술, 과학과의 색다른 만남이라?

〈美 미술전서 AI가 그린 그림이 1위… "이것도 예술인가" 논란〉, 연합뉴스, 2022.9.4.

〈생물학과 예술의 만남 '바이오 아트'〉, 《사이언스타임즈》, 2020.12.15.

〈사이아트 갤러리 '상상하는 미술'〉, 국립과천과학관, 2017.3.17. (https://www.iartpark.com/current-9)

〈과학과 미술의 만남… '아트 버튼 배러' 전시회〉, 인천in, 2022.6.30.

〈공공미술 속의 증강현실(AR) 기술〉, 《사이언스타임즈》, 2021.4.27.

〈KAIST, '인공지능과 예술(AI+ART)' 온라인 국제포럼 개최〉, 《Ai타임즈》, 2021.12.16.

〈부실관리·변형 수난… 대전엑스포 백남준 '거북선' 원모습 되찾는다〉, 《한겨레》, 2022.7.7.

〈열린마당 실감 전광판〉, 국립중앙박물관 홈페이지

〈대전시립미술관, 내달 4일 국제콜로키움 개최〉, 《신아일보》, 2022.7.29.

〈'스케치 못해도 예술 가능'… 창작환경 지각변동 오나〉, 《한겨레》, 2022.7.25.

〈Apple, 새로운 Today at Apple 세션 발표〉, 2019.1.30. (https://www.apple.com/kr/news-room/2019/01/apple-announces-new-today-at-apple-sessions/)

3. 광합성, 식물이 아닌 동물이 하면 어떻게 될까?

〈햇볕 쪼이자 에너지 생성… "진딧물도 광합성한다"〉, 《조선일보》, 2012.8.21.

"Light-induced electron transfer and ATP synthesis in a carotene synthesizing insect," *Scientific Reports*, 2012, vol.2, Article number: 579.

"Incredible Creatures that Use Photosynthesis For Energy," *FUTURISM*, 2014.10.3.

"Horizontal gene transfer of the algal nuclear gene psbO to the photosynthetic sea slug Elysia chlorotica," *PNAS*, 2008, 105(46): 17867-17871.

〈공생하던 조류가 빠져나가면 산호는 빛을 잃는다〉, 《한국경제》, 2020.6.8.

"4 Incredible Photosynthetic Animals," ULOOP, 2013.3.21.

"A solar salamander," *Nature News*, 2010.7.30.

〈식물은 무얼 먹고 자랄까' 자연 광합성 연구는 400년 전부터 본격 시작〉, 《중앙일보》, 2016.12.21.

〈햇볕으로 물에서 수소에너지를 만들다〉, *The Sciencetimes*, 2014.9.30.

4. 창의성, 노벨 과학상과 이그노벨상엔 뭔가 특별한 것이 있다!

《노벨과학상 종합분석 보고서》, 한국연구재단, 2019.

〈레이저 물리학 혁명 이끈 '빛의 과학자들'에 노벨물리학상〉, 연합뉴스, 2018.10.2.

〈면역항암제 개발 이끈 두 과학자에 노벨생리의학상 영예〉, 연합뉴스, 2018.10.1.

〈면역항암제, 암의 '만성질환화' 이끌 것〉, 《메디포뉴스》, 2019.9.6.

〈노벨화학상 美구디너프 등 3명… 리튬이온 배터리 개발〉, 연합뉴스, 2019.10.10.

〈롤러코스터 타면 신장결석 저절로 치료?〉, 《동아일보》, 2018.9.15.

〈인육 영양가 분석, 셀프 대장내시경… '괴짜노벨상' 기상천외〉, 《한겨레》, 2018.9.14.

〈"항문만 봐도 누군지 안다"… '스마트 변기' 韓과학자, 이그노벨상 수상〉, 《서울신문》, 2023.9.16.

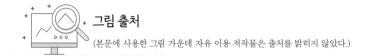

그림 출처

(본문에 사용한 그림 가운데 자유 이용 저작물은 출처를 밝히지 않았다.)

13쪽 Patar knight / https://commons.wikimedia.org (CC BY-SA 4.0)

26쪽 https://pixabay.com

27쪽, 28쪽, 31쪽(왼쪽) https://freepik.com

31쪽 오른쪽 SumitAwinash / https://commons.wikimedia.org (CC BY-SA 4.0)

36쪽 Timothy.ruban / https://commons.wikimedia.org (CC BY-SA 4.0)

39쪽 https://www.nature.com/articles/s43856-022-00209-1

41쪽, 42쪽 Ayda P / https://commons.wikimedia.org (CC BY-SA 4.0)

52쪽, 53쪽 https://freepik.com

55쪽 https://pixabay.com

57쪽, 61쪽, 67쪽 https://freepik.com

68쪽, 75쪽 https://pixabay.com

85쪽 오른쪽 Nick-D / https://commons.wikimedia.org (CC BY-SA 4.0)

87쪽, 89쪽, 93쪽 2컷, 95쪽 https://pixabay.com

98쪽 왼쪽 https://pixabay.com, 오른쪽 Jean-Pascal Quod / https://commons.wikimedia.org
　　　(CC BY-SA 3.0)

104쪽 https://freepik.com

107쪽 https://pixabay.com

111쪽 왼쪽 https://animals.net, 오른쪽 Chris Jordan / https://www.surferrule.com

112쪽 왼쪽 https://pixabay.com, 오른쪽 Francis Perez / https://francisperez.es

116쪽, 121쪽 https://freepik.com

123쪽 2컷 https://pixabay.com

135쪽 https://freepik.com

136쪽 왼쪽 https://freepik.com, 오른쪽 https://pixabay.com

138쪽 위 https://pixabay.com, 아래 https://freepik.com

142쪽 https://freepik.com

145쪽 오른쪽 Mogana Das Murtey and Patchamuthu Ramasamy / https://commons.wiki-
　　　media.org (CC BY 3.0)

146쪽 MFCGuy2010 / https://commons.wikimedia.org (CC BY-SA 3.0)

149쪽 Raph_PH / https://commons.wikimedia.org (CC BY 2.0)

155쪽, 158쪽, 159쪽, 161쪽 아래, 163쪽, 166쪽 https://pixabay.com

172쪽 위 https://pixabay.com, 아래 https://freepik.com

175쪽 https://freepik.com

183쪽 왼쪽 https://pixabay.com

185쪽 https://freepik.com

194쪽 3컷 https://pixabay.com

198쪽 왼쪽 https://freepik.com, 오른쪽 https://pixabay.com

206쪽 https://pixabay.com

215쪽 가운데 https://www.invent.org

217쪽 Acroterion / https://commons.wikimedia.org (CC BY-SA 3.0)

224쪽 왼쪽 https://pixabay.com

228쪽 http://www.bsnews.kr

234쪽 Shipher Wu (photograph) and Gee-way Lin (aphid provision), National Taiwan University / https://commons.wikimedia.org (CC BY 2.5)

235쪽 Karen N. Pelletreau et al. / https://commons.wikimedia.org (CC BY 4.0)

237쪽 왼쪽 Luke Thompson from Chisholm Lab and Nikki Watson from Whitehead, MIT / https://commons.wikimedia.org (CC BY 1.0), 오른쪽 https://pixabay.com

238쪽 Charles J. Sharp / https://commons.wikimedia.org (CC BY-SA 4.0)

239쪽 https://pixabay.com

243쪽 왼쪽 https://www.hellonaturalliving.com

245쪽 사각형 https://pixabay.com

250쪽 2컷 https://pixabay.com

259쪽 왼쪽 Lijnis Nelemans / https://commons.wikimedia.org (CC BY-SA 3.0), 오른쪽 AlexanderAlUS / https://commons.wikimedia.org (CC BY-SA 3.0)